Barbara Rustige

HUNDEKRANKHEITEN

Kosmos

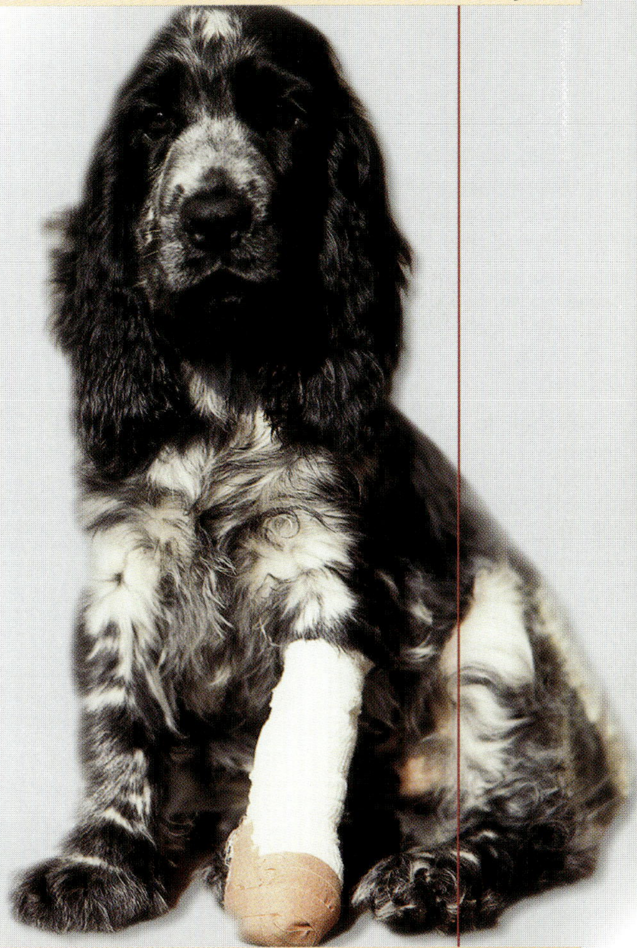

Krankenpflege und Erste Hilfe

Service

Internationale
Rassekatzen

Der gesunde Hund

Der gesunde Hund

Beurteilung des Gesundheitszustandes

Jeder Hundeliebhaber wünscht sich einen gesunden, vitalen Hund. Und tatsächlich können Sie durch regelmäßige sachkundige Pflege und Krankheitsvorbeugung viel dazu beitragen, daß Ihr vierbeiniger Freund sich »pudelwohl« fühlt. Doch oftmals ist gerade der unerfahrene Hundebesitzer unsicher, ob bestimmte Anzeichen, die er an seinem Hund bemerkt, als Krankheitssymptome zu werten sind oder als »normal« durchgehen. Es gibt aber auch erfahrene Halter und Züchter, die, obwohl sie täglich mit ihren Tieren zusammen sind, Krankheitsanzeichen nicht bemerken oder nicht richtig deuten können.

Alle im vorliegenden Buch beschriebenen Untersuchungen und Handgriffe sollten Sie an Ihrem gesunden Hund in Ruhe üben. Wenn er gewohnt ist, sich überall anfassen zu lassen, und wenn er weiß, daß er bestimmte Prozeduren über sich ergehen lassen muß, erleichtert Ihnen dies wesentlich den Umgang mit dem Hund. Zum anderen ist es auch nützlich und wichtig, im Krankheitsfall schon genau zu wissen, welche Handgriffe man anwenden muß. Dann ist es gut, sich darauf verlassen zu können, daß der Hund die Untersuchung kennt und dabei ruhig bleibt. Selbstverständlich sollte sich nach jedem Üben eine kleine Belohnung in Form von Lob, Spiel oder auch einmal einer Leckerei anschließen.

Diese Anleitungen können und wollen jedoch nicht die fachgerechte Untersuchung durch den Tierarzt ersetzen. Suchen Sie den Tierarzt auf, und holen Sie seinen Rat ein, wenn Sie sich Sorgen über den Gesundheitszustand Ihres Hundes machen oder sich unsicher über bestimmte Symptome sind.

Altersbestimmung

In den ersten 3 Wochen seines Lebens ist der Hund zahnlos. Dann brechen nach und nach die Milchzähne durch, bis im Alter von etwa 6 Wochen das Milchgebiß vollständig ist. Es besteht im Ober- und im Unterkiefer aus jeweils 6 Schneidezähnen, 2 Eckzähnen und 6 Backenzähnen, also insgesamt aus 28 Zähnen. Die Schneidezähne werden im Alter von 3 bis 5 Monaten,

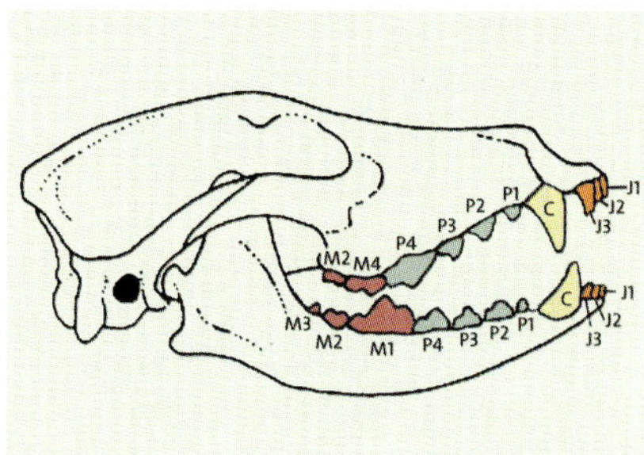

Das komplette Hundegebiß: je 3 Schneidezähne (J1–J3), 1 Eckzahn (C), 4 vordere Backenzähne (P1–P4) sowie oben 2 und unten 3 hintere Backenzähne (M1–M3).

die Eck- und Backenzähne mit 5 bis 7 Monaten gewechselt.

In dieser Zeit kommen nach und nach die hinteren Backenzähne dazu, im Oberkiefer 6, im Unterkiefer 8. Sie werden nicht als Milchzähne angelegt, sondern entstehen gleich als bleibende Zähne. Das Gebiß des erwachsenen Hundes ist im Alter von etwa 9 Monaten mit 42 Zähnen komplett. Danach ist die Altersbestimmung beim Hund sehr schwierig, da sich die Zähne des Hundes durch individuelle Fütterung unterschiedlich schnell abnutzen.

Eine ungefähre Alterseinstufung bieten Menge und Ausdehnung der grauen Haare am Kopf des Hundes (außer bei von Natur aus grauen oder weißen Hunden). Einzelne graue Haare um Kinn und Lippen können sich mit 5 bis 6 Jahren zeigen. Dann werden die Backen- und Nasenregion und die Augenumgebung grau. Bei Hunden ab 10 Jahren ist das Gesicht überwiegend grau, ab 13 Jahren der ganze Kopf. Allerdings sind diese Angaben wirklich nur sehr vage, es gibt Hunde, die schon sehr früh grau werden, andere haben bis ins hohe Alter kaum ein graues Haar.

Auch an den Augen entwickeln sich Alterserscheinungen. Ab etwa dem 7. Lebensjahr kann man bei Lichteinfall im Auge einen grauen Reflex wahrnehmen. Zwischen dem 8. und 9. Lebensjahr werden die Augen leicht trübe. Ab etwa dem 11. Jahr ist die grauweiße Trübung ausgeprägt. Man nennt diese Erscheinung »Altersstar«, sie ist jedoch völlig normal und stellt keine Erkrankung dar. Zwar wird das Sehvermögen etwas eingeschränkt, doch in ihrer gewohnten Umgebung kommen die allermeisten alten Hunde trotzdem sehr gut zurecht.

Fazit ist, daß viel Erfahrung und Übung dazu gehört, das Alter von Hunden genau zu bestimmen. Meist genügt jedoch (für Fütterung, Bewegungsbedarf, Medikamentenverabreichung) die Einstufung in die Altersklassen Welpe (bis 4 Monate), jugendlicher Hund (bis ca. 18 Monate), erwachsener Hund (bis ca. 8 Jahre) und alter Hund. Diese Eingruppierung können Sie mit ein wenig Übung und vielen Vergleichsmöglichkeiten auch bald selbst treffen.

Mit dem Alter wird das Fell am Kopf zunehmend grauer.

▶ Gewicht, Größe

Es gibt im Zuchtziel eines Rassehundes gewisse Grenzen, zwischen denen sich Gewicht und Körpergröße bewegen sollen, doch kleinere Abweichungen nach oben oder unten sind für den Familienhund nicht dramatisch. Hunde stellen sich ungern auf die Personenwaage, denn sie erschrecken auf dem wackligen Untergrund und bleiben kaum lang genug sitzen, um das Gewicht abzulesen. Kleine Hunde wiegt man deshalb am besten, indem man den Hund auf dem Arm nimmt und sich mit ihm zusammen wiegt. Dann steigen Sie selbst noch einmal allein auf die Waage, die Differenz zwischen beiden Meßwerten ist das Gewicht des Hundes. Für große Hunde hat der Tierarzt spezielle Waagen mit einer großen Auflagefläche.

Sie sollten stets darauf achten, daß Ihr Hund nicht zu dick wird. Ein übergewichtiger Hund sieht nicht nur unschön aus, er hat auch mit Gesundheitsproblemen zu kämpfen. Die Gelenke werden überanspruchт, das Herz ist stärker belastet, und die Lebenserwartung sinkt.

Plötzlicher oder kontinuierlicher Gewichtsverlust sollte Sie übrigens auch stutzig machen und nach den Ursachen forschen lassen.

Es gibt eine einfache Probe, um festzustellen, ob das Gewicht des Hundes etwa im Normalbereich liegt: Streichen Sie mit den Fingerspitzen über die Rippen des Hundes. Sind die Knochen unter einer kleinen Polsterung gut zu fühlen, ist Ihr Hund richtig genährt. Kann man die Rippen unter der Speckschicht nur erahnen, so wird es höchste Zeit für eine Diät und ein ausgiebiges Bewegungsprogramm. Aber auch das Gegenteil, hervorstehende Rippen, die direkt unter der Haut zu ertasten sind, sprechen für eine Ernährungsstörung oder Erkrankung. Sind Sie

Das Gewicht eines Hundes kann man am besten so bestimmen.

	Ernährung bei Übergewicht
1	Reduzierung der normalen Futtermenge um ein Drittel
2	Tagesration auf drei Mahlzeiten verteilen
3	Dabei auf ausreichende Vitaminzufuhr achten (Vitamintabletten oder -pulver vom Tierarzt)
4	Wöchentliche Gewichtskontrolle
5	Spezielle »Light«-Futter im Fachhandel erhältlich

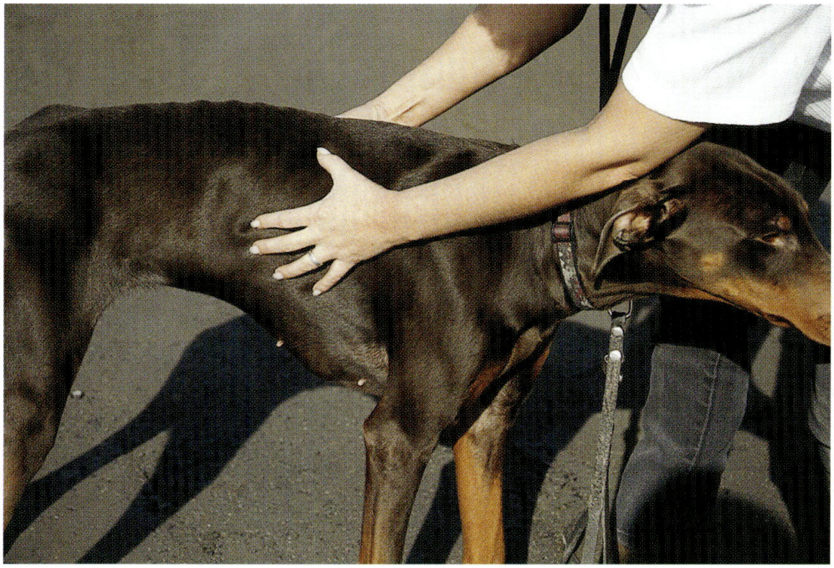

Die Rippenprobe bringt es an den Tag – ist Diät angesagt oder nicht?

unsicher in bezug auf die richtige Ernährung, so können Sie Ihren Tierarzt nach der besten Futterzusammensetzung speziell für Ihren Hund fragen.

FIGUR DES WACHSENDEN HUNDES ▶ Häufig sind Besitzer von Welpen und Junghunden über die Figur Ihres Hundes beunruhigt. Hier gilt folgendes: Ein dünner Welpe ist zweifelsfrei krank! Bis zum Alter von fünf Monaten soll der Welpe einen kugeligen, gut gefüllten Bauch haben (allerdings nicht mit dem »Wurmbauch« verwechseln, bei dem der Welpe diverse Krankheitsanzeichen zeigt), und auch etwas »Babyspeck« ist durchaus normal.

Als »Halbwüchsiger« bis hin zum 18. Lebensmonat ist ein gesunder Hund dünn und schlaksig. Man sollte sich keine Sorgen machen, daß er (noch) kein ganz rassetypisches Aussehen hat, denn besonders Hunde großer Rassen wachsen noch bis zu diesem Alter. Knochenbau und Muskulatur müssen reifen, bevor sich die endgültige Statur zeigt.

▶ Körpertemperatur

Die Körpertemperatur wird beim Hund rektal, das heißt im After, gemessen. Am besten klappt dies zu zweit: Eine vertraute Person hält den Hund am Kopf und lenkt ihn etwas ab, Sie selbst

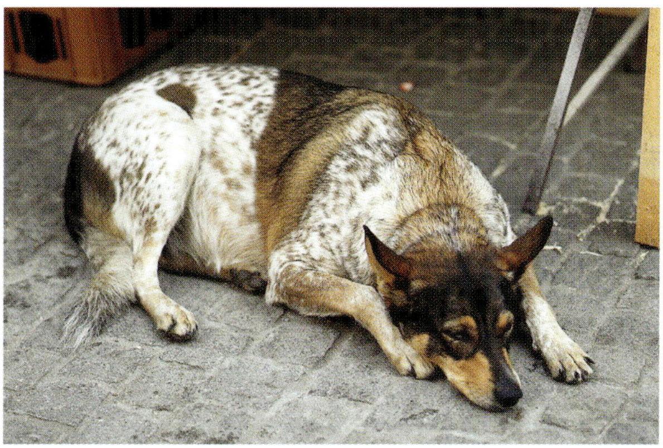

Ein eindeutig zu dicker Hund

können dann das Fiebermessen übernehmen. Die Spitze des Thermometers wird vor dem Einführen mit etwas Vaseline gleitfähig gemacht. Mit einer Hand halten Sie den Schwanz nahe dem Ansatz und kippen ihn nach oben. Mit der anderen Hand wird das Thermometer vorsichtig in den Enddarm eingeführt und etwa eine Minute liegengelassen. Praktisch ist das Fiebermessen mit einem digitalen Thermometer, da es nicht zerbrechen kann und die Temperatur sehr genau mißt. Nach Abschluß der Messung gibt es einen Signalton ab, und der erhaltene Wert ist einfach abzulesen.

Die normale Körpertemperatur liegt bei kleinen Hunden zwischen 38,5°C und 39,5°C, bei großen zwischen 37,5°C und 39,2°C. Welpen haben eine etwas höhere Temperatur als erwachsene Hunde.

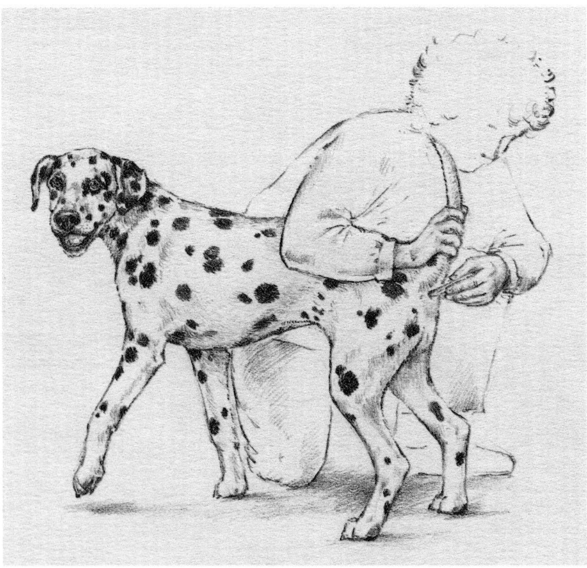

Zum Messen der Körpertemperatur geht man am besten so vor.

Nicht jede Temperaturerhöhung entsteht durch eine Erkrankung. Die Körpertemperatur kann in bestimmten Situationen auch beim gesunden Hund über den Normalwerten liegen. Bei sehr heißem Wetter steigt sie schnell um ein halbes Grad, genauso bei Aufregung oder starker Anstrengung. Bei einer deutlichen Temperaturerhöhung handelt es sich jedoch meist um Fieber infolge einer Infektionskrankheit.

▶ Haut und Haarkleid

Die Haut des Hundes ist trocken und glatt, elastisch und über ihrer Unterlage leicht zu verschieben. Im Bereich des Rückens ist die Haut dicker und robuster als am Bauch. Besonders dünn und empfindlich ist sie auf der Innenseite der Schenkel und im Achselbereich. Sie ist meist graubraun gefärbt, unter weißen Haaren und am Bauch erscheint die nicht pigmentierte Haut rosafarben.

Der Hund hat über den Körper verteilt einige wenige verkümmerte Schweißdrüsen, die fast keinen Schweiß produzieren. An den Fuß- und Zehenballen ist die Haut stark verhornt. Dort befinden sich viele Schweißdrüsen. Deshalb hinterläßt ein aufgeregter Hund feuchte Pfotenabdrücke.

Die Haut des Hundes ist im Gegensatz zu derjenigen anderer Tiere recht empfindlich und krankheitsanfällig. So sollte bei der regelmäßigen Pflege auch eine Kontrolle der Hautgesundheit vorgenommen werden.

Durch Anheben einer Hautfalte über den Rippen kann man die Hautelastizität und den Wasserhaushalt des Körpers prüfen. Die hochgezogene Falte soll nach dem Loslassen sofort wieder verstreichen. Geschieht dies verzögert, liegt ein Hinweis auf Austrocknung vor, die eventuell durch Durchfall oder Erbrechen verursacht worden ist.

Bei der Untersuchung der Haut achtet man auf Wunden sowie auf Abschürfungen, Eiterherde, Pusteln, Knötchen, Krusten oder Schwellungen. Um die Haut zu fühlen und zu sehen, durchkämmt man mit den Fingern das Fell gegen den Strich.

Ist die Haut stellenweise warm und gerötet, spricht dies für eine Entzündung. Als Krankheitsanzeichen zu werten ist auch vermehrter Haarausfall oder Haarbruch, entweder über einer erkrankten Hautstelle oder verteilt über den ganzen Körper. Schließlich sollte man als Vorsichtsmaßnahme bei der Untersuchung von Haut und Haarkleid auf Parasiten achten.

Das Haarkleid des Hundes ist je nach Rasse sehr unterschiedlich ausgebildet. Feine Wollhaare bilden das Unterfell und dienen der Isolierung und Wärmespeicherung. Sie fehlen bei kurzhaarigen Hunden völlig. Über der Unterwolle liegen die Deckhaare, die rassetypisch gefärbt und strukturiert sind. Im Fellwechsel lockert sich vor allem das Wollhaar, das sich dann leicht auskämmen läßt. Bei Hunden, die im Freien leben, wächst zu Beginn der kalten Jahreszeit die Unterwolle verstärkt und bildet einen dichten Winterpelz.

Schließlich gibt es die langen und starren Tasthaare im Kopfbereich. An ihren Wurzeln befinden sich Nervenzellen, die Tasteindrücke wahrnehmen und weiterleiten. Am Haarbalg, mit dem das Haar in der Haut verankert ist, befindet sich ein kleiner Muskel, der das Haar aufrichten kann. So bildet sich im Fell ein wärmendes Luftpolster, wenn der Hund friert. Die Haarbalgmuskeln sind am Rücken am stärksten entwickelt, und durch das Aufstellen der Haare erscheint der Hund größer. Diese Eigenschaft nutzt er auch als Drohgebärde oder Imponiergehabe. Das Fell des gesunden Hundes glänzt (außer bei einigen Rassen, bei denen das Zuchtziel anderes vorschreibt), es fallen immer einige Haare aus, doch genauso viele wachsen nach.

Wenn die Hundefalte nur langsam verstreicht, fehlt dem Körper Flüssigkeit.

▸ Ohr

Das Ohr besteht aus der Ohrmuschel, dem äußeren Gehörgang, dem Mittelohr und dem Innenohr. Die Ohrmuschel ist der äußere Teil des Ohres, das bei den verschiedenen Rassen als Steh-, Kipp- oder Hängeohr gezüchtet wird. Der Gehörgang führt ins Innere des Schädels bis zum Trommelfell. Hier wird das Ohrenschmalz gebildet. Man kann den Gehörgang ein kleines Stück einsehen.

Bei der Kontrolle der Ohren sollten Sie auf gerötete Haut, schmierige oder trockene Beläge und unangenehmen

Geruch achten. Der Tierarzt kann mit speziellen Instrumenten bis auf das Trommelfell sehen und die Ursache dieser Symptome untersuchen.

Hinter dem Trommelfell beginnt das Mittelohr mit den Gehörknöchelchen Hammer, Amboß und Steigbügel. Sie leiten den Schall weiter an das Innenohr, wo er von Sinneszellen wahrgenommen und als Nervenreiz zum Gehirn geleitet wird. Im Innenohr befindet sich auch das Gleichgewichtsorgan.

TIP

Um den Gehörsinn zu testen, flüstert eine vertraute Person, die der Hund nicht sehen kann, seinen Namen. Normalerweise wird er den Kopf in die Richtung wenden, aus der die Stimme zu hören ist.

Auge

Das Auge liegt geschützt in seiner knöchernen Höhle und kann nach vorn von den Augenlidern bedeckt werden. Der sichtbare Bereich wird durch das Sekret der Tränendrüsen feucht gehalten. Der Augapfel besteht aus der vorderen und der hinteren Augenkammer, die durch Iris und Linse getrennt werden. Das Licht fällt durch die Hornhaut, die Linse und den Glaskörper auf die Netzhaut, wo die optischen Sinneseindrücke aufgenommen und über den Sehnerv zum Gehirn geleitet werden.

TIP

Zur Prüfung der Sehfähigkeit läßt man einen Wattebausch (der fast keinen Luftzug verursacht) vor dem Hund zu Boden fallen. Der Hund schaut dem herabfallenden Bällchen nach.

Das dritte Augenlid wird Nickhaut genannt.

Im Gegensatz zum Menschen hat der Hund ein drittes Augenlid, die Nickhaut. Sie liegt kaum sichtbar als rosafarbenes Hautläppchen im nasennahen Augenwinkel.

Das gesunde Auge ist klar und weit geöffnet, die Pupillen beider Augen reagieren auf Lichteinfall gleichmäßig. Die Augäpfel sind gleich groß und ragen – außer bei kurzschnäuzigen Rassen – nicht aus der Augenhöhle hervor. Die Augen sollen weder tränen noch eitern. Die Ränder der Lider liegen dem Augapfel dicht an.

An der Lidbindehaut kann man die Schleimhaut gut beurteilen. Ihr Aussehen gibt Rückschlüsse auf die Kreislaufsituation des Patienten. Zur Untersuchung zieht man das untere Augenlid mit dem Daumen leicht nach unten.

Atmungsorgane

Die eingeatmete Luft strömt durch die Nase über den Rachen, den Kehlkopf und die Luftröhre bis in die Lunge. Die Nase des Hundes ist normalerweise feucht und kalt, die Nasenflügel heben und senken sich gleichmäßig im Atemrhythmus. Nasenausfluß wie Eiter oder

Blut lassen auf Krankheit schließen. Oft ist es schwierig, Ausfluß festzustellen, weil der Hund sich die Nase meist schnell sauberleckt.

In der Nasenhöhle wird die Luft angewärmt, befeuchtet und gereinigt. Im Rachen sitzen die Mandeln, deren Aufgabe die Abwehr von eingeatmeten Viren und Bakterien ist. Sie liegen normalerweise in Schleimhauttaschen versteckt. Man kann sie im Rachen bei weit geöffnetem Maul nur sehen, wenn sie entzündet und vergrößert sind.

Der Kehlkopf sitzt vor der Luftröhre und dient als Sicherheitsventil, damit keine Fremdkörper eindringen können. Von außen kann man den Kehlkopf als knorpelige Verdickung am Übergang vom Unterkiefer zum Hals tasten. Wenn der Kehlkopf entzündet ist, löst das Betasten einen Hustenstoß aus.

Die Luftröhre ist ein Schlauch, der von Knorpelspangen gestützt und offengehalten wird. Sie teilt sich erstmals in der Brusthöhle und zweigt sich in der Lunge weiter auf bis in die Lungenbläschen, in denen der Gasaustausch stattfindet.

Die Lunge besteht aus zwei Hälften, die durch das sogenannte Mittelfell getrennt sind. Das Lungengewebe ist von elastischen Fasern durchzogen, so daß die Einatmung aktiv, das Ausatmen eher passiv geschieht. Im Brustkorb herrscht Unterdruck. Er ist zum Bauchraum hin durch das Zwerchfell, eine sehnige Muskelplatte, begrenzt. Der gesunde Hund hat eine Atemfrequenz von 10 bis 30 Atemzügen pro Minute. Beobachten Sie den Hund in Ruhe, und zählen Sie die Atembewegungen der Rippen. Hecheln dient der Temperaturregulierung und ist auch bei Aufregung normal. Wenn der Hund hechelt, kann man ihm kurzfristig das Maul zuhalten, um die genaue Atemfrequenz feststellen zu können. Sie ist bei fieberhaften Erkrankungen, bei Schmerzen oder Entzündungen erhöht, in Schocksituationen oder durch Narkosemittel herabgesetzt.

Achten Sie darauf, ob sich die Rippen gleichmäßig heben und senken. Wenn der Hund Schmerzen beim Ein- oder Ausatmen zeigt, stockt der Atemrhythmus immer wieder. Ebenso achtet man auf Geräusche in den Luftwegen, die eventuell auf Schwellungen, Schleim oder Fremdkörper hinweisen können. Husten, Auswurf und Niesen sollten Sie ebenfalls beachten. Eine genaue Beschreibung, wann und wie diese Krankheitsanzeichen auftreten, gibt dem Tierarzt Hinweise auf ihre Ursache.

▶ Kreislauf

Das Herz ist eine Pumpe aus speziellen Muskelfasern. Es ist in vier Kammern unterteilt: die linke und rechte Hauptkammer sowie die beiden Vorhöfe. Vorhof und Kammer jeder Seite sind durch die Herzklappen voneinander getrennt. Die Klappen funktionieren wie Ventile und sorgen dafür, daß das Blut nur in eine Richtung fließt. Der Herzmuskel zieht sich in regelmäßigem Takt zusammen (Systole) und preßt das Blut aus den Kammern hinaus. Die darauffolgende Entspannung des Muskels nennt man Diastole, die wieder Blut in die Kammern fließen läßt.

Blut besteht aus Flüssigkeit und aus Zellen, den Blutkörperchen. Die roten Blutkörperchen, Erythrozyten, können Sauerstoff binden und wieder abgeben, sie liefern den Geweben Energie zur Erfüllung ihrer Aufgaben. Die weißen

Blutkörperchen dienen vor allem der Infektionsabwehr.

Aus der linken Herzkammer wird das Blut während der Systole in die Aorta, die große Körperarterie, gepumpt. Die Arterien verzweigen sich und versorgen alle Organe und Gewebe des Körpers mit sauerstoffreichem Blut. In den Organen wird der Sauerstoff verbraucht und das Abfallprodukt der Organtätigkeit, Kohlendioxid, von den Erythrozyten aufgenommen. Das sauerstoffarme Blut verläßt das Organ durch das abführende Blutgefäß, die Vene. Kleinere Venen münden in größere, bis schließlich die Hintere Hohlvene das gesammelte sauerstoffarme Blut zum Herzen zurückführt. Dort gelangt es in die rechte Herzkammer und weiter in die Lunge. In der Lunge findet der Gasaustausch statt: Sauerstoff wird aus der eingeatmeten Luft aufgenommen und Kohlendioxid abgegeben. Die Erythrozyten binden den Sauerstoff, dann fließt das Blut aus der Lunge in die linke Herzhälfte, und der Kreislauf beginnt von neuem.

Im Herzmuskel befindet sich ein Steuerzentrum, das die Pumpfrequenz bestimmt. Übergeordnete Zentren erhöhen die Frequenz bei Aufregung und Nervosität. Bei jungen und dünnen Hunden kann man die Herztätigkeit als Herzspitzenstoß fühlen, wenn man die Hand an der linken Brustwand, unter dem Ellbogen, auflegt. Hier hört auch der Tierarzt mit dem Stethoskop die Herztätigkeit ab, um Unregelmäßigkeiten und Klappendefekte feststellen zu können.

Den Puls fühlt man von vorne oder hinten an der Oberschenkelarterie.

Info

Erwachsene große Hunde haben eine Pulsfrequenz von 70 bis 100/Min., mittelgroße 80 bis 130/Min. und kleine Hunde 90 bis 160/Min.
Die Frequenz von Welpen liegt jeweils noch darüber. Sie erhöht sich auch, wenn der Hund aufgeregt ist oder wenn er Schmerzen oder Fieber hat.

Den Puls eines Hundes, der im Normalfall der Herzfrequenz entspricht, fühlt man an der Arterie auf der Innenseite des Oberschenkels am Hinterbein. Man ertastet oberhalb des Kniegelenks eine Rinne. Dort legt man die Finger leicht auf und spürt durch die dünne Haut das Pulsieren des Blutgefäßes. Jetzt zählt man den Pulsschlag 30 Sekunden lang und multipliziert ihn mit zwei. Eine gewisse Unregelmäßigkeit des Pulses ist beim Hund normal und ist durch die Atmung bedingt.

Der Tierarzt untersucht das Herz mit dem Stethoskop. Bei Bedarf kann er weiterführende Untersuchungen wie EKG oder Röntgen anschließen. Rückschlüsse auf die Kreislaufsituation und die Blutversorgung kann man aus der Betrachtung der Schleimhäute ziehen: Üblicherweise untersucht man die Maulschleimhaut, also den Überzug von Zahnfleisch und Innenseite der Lefzen, sowie die Lidbindehaut am Auge. Beim gesunden Hund ist die Schleimhaut feucht, glatt, glänzend und rosa gefärbt. Dunkles Rot zeigt einen Blutstau an, flammendes Rot eine Entzündung. Gelbliche Verfärbung der Schleimhäute weist auf eine Gelbsucht hin, sehr blasse bis porzellanweiße Schleimhäute auf Blutarmut oder Schock, und eine bläuliche Verfärbung stellt sich bei Sauerstoffmangel ein.

TIP

Sie öffnen das Maul des Hundes, indem Sie mit Daumen und Zeigefinger einer Hand den Unterkiefer hinter dem Eckzahn greifen und leicht nach unten ziehen. Gleichzeitig drücken Sie mit Daumen oder Zeigefinger der anderen Hand gegen den Gaumen im vorderen Teil des Oberkiefers. Reflexartig öffnet der Hund das Maul fast von selbst. Um den Rachenraum zu betrachten, greift die Hand vom Unterkiefer um und drückt mit dem Zeigefinger die Zunge etwas nach unten.

Verdauungsorgane

Der Weg der Nahrung im Körper beginnt im Maul und führt über Speiseröhre, Magen, Dünn- und Dickdarm bis zum After. Zu den Verdauungsorganen zählen auch die Leber als zentrales Stoffwechselorgan und Produzent der Galle sowie die Bauchspeicheldrüse, die wichtige Verdauungsenzyme in den Darm abgibt. Der größte Teil der Verdauungsorgane ist der direkten Untersuchung nicht zugänglich, kann aber vom Tierarzt durch Röntgen, Ultraschall oder geeignete Labormethoden beurteilt werden.

In der Maulhöhle betrachtet man die Schleimhaut auf der Innenseite der Lefze, die Zunge, das Zahnfleisch und die Zähne. Die Milchzähne des Welpen sind klein, sehr spitz und blauweiß gefärbt. Sie rücken, während der Kiefer wächst, immer weiter auseinander.

Man achtet auf ungewöhnlichen Mundgeruch, der nicht nur von Zahn- oder Maulhöhlenerkrankungen, sondern auch von Krankheiten anderer Organe oder von Stoffwechselstörungen stammen kann.

Der Bauch des gesunden Hundes fühlt sich weich an. Der Tierarzt kann sogar Organe wie z.B. Blase, Nieren oder die trächtige Gebärmutter ertasten. Hat der Hund Schmerzen, ist der Bauch »aufgezogen«, das heißt angespannt und mit leicht gekrümmtem Rücken nach oben gezogen. Beim Betasten fühlt sich die Bauchwand hart und verspannt an, eventuell winselt oder schreit der Hund vor Schmerzen. Der Bauchraum kann auch prall und aufgegast sein, so daß man beim Beklopfen mit den Fingern einen hohlen Klang hört. Größere Flüssigkeitsmengen im Bauch lassen sich an der Umfangsvermehrung im unteren Bauchbereich und den schwappenden Bewegungen beim Betasten vermuten.

Der After sollte sauber und ohne Spuren von Durchfall, Schwellungen oder Vorwölbungen in der Umgebung sein. Dies sind Krankheitsanzeichen, ebenso wie häufiges Lecken und Beißen am After.

Der Appetit ist von Hund zu Hund verschieden, es gibt aber auch Rassen, die geradezu als verfressen verschrien sind. Jeder aufmerksame Besitzer kennt das Freßverhalten seines Hundes und wird stutzig, wenn der Hund zur gewohnten Fütterungszeit keinen Appetit hat. Manchmal kommt es vor, daß ihm einfach das Futter nicht schmeckt, aber wenn mehr als eine Mahlzeit ausgelassen wird, sollte man nach den Ursachen forschen und gegebenenfalls den Tierarzt um Rat fragen.

TIP

Hundegerechte Fütterung: Zur Erleichterung der Verdauung verteilt man die Futterration des erwachsenen Hundes auf zwei Mahlzeiten täglich. Besonders für große Hunde ist es außerdem günstig, den Futternapf etwas erhöht anzubringen.

Der Kot des Hundes ist würstchenartig geformt und je nach Fütterung von brauner, gelblicher oder grünlicher Farbe. Breiiger oder gar flüssiger, aber auch sehr fester, harter Kot sind ebenso wie das erfolglose Pressen auf Kot als Krankheitszeichen zu werten. Bei Durchfall und Verstopfung sollten Sie nicht länger als einen Tag warten, bis Sie den Tierarzt aufsuchen, denn hinter diesen Symptomen können ernste Erkrankungen stecken.
Rechts und links des Afters sitzen beim Hund die Analdrüsen. Ihre Ausführungsgänge münden in Höhe des Afterschließmuskels. Wenn der Hund Kot absetzt, werden kleine Mengen des Analdrüsensekrets ausgepreßt. Das ist die »Unterschrift« des Hundes, an der andere Vierbeiner erkennen, wer hier unterwegs war.

Info

»Alleinfutter« enthält alle Nahrungsbestandteile, die der Hund benötigt. Geben Sie nichts hinzu! Ein Zuviel an Mineralien und Vitaminen schadet der Gesundheit.

Harnorgane

Die Nieren filtern aus dem Blut Schad- und Abfallstoffe, die über die Harnleiter in die Blase geleitet werden. Von dort aus wird über die Harnröhre Urin abgesetzt. Die Hündin »hockt« sich zum Wasserlassen mit gespreizten Hinterbeinen, der Rüde hebt das Bein und setzt dabei kleine Mengen Urin zum Markieren ab. Männliche Welpen erledigen ihr »Geschäft« noch genauso wie eine Hündin. Sie lernen erst in der »Pubertät«, ab ca. 4 bis 6 Monaten, das Bein zu heben, wobei das erst recht wackelig aussieht und schon einiger Übung bedarf. Der Urin eines gesunden Hundes ist klar und gelb gefärbt.

Geschlechtsorgane

RÜDE ▸ In den Hoden werden die Spermien und Geschlechtshormone produziert. Die Spermien werden in den Nebenhoden gespeichert. Mit dem Sekret der zusätzlichen Geschlechtsdrüsen, zu denen die Prostata zählt, bilden sie das Ejakulat. Der Penis des Rüden liegt in der Vorhaut. Man kann diese vorsichtig zurückschieben, um mögliche Erkrankungen am Penis festzustellen.

Im Penis des Rüden ist ein zusätzlicher Knochen, der Penisknochen, eingelagert. Der Rüde hat übrigens ebenso wie die Hündin acht bis zwölf Zitzen angelegt. Sie sind recht klein, meist gerade sicht- oder fühlbar. Es kommt immer wieder vor, daß die Zitzen eines Rüden mit Zecken oder Hauterkrankungen verwechselt werden.

HÜNDIN ▶ Zu den Geschlechtsorganen der Hündin gehören die Eierstöcke, die Eileiter, die Gebärmutter und die Scheide, die Scham und das Gesäuge. In den Eierstöcken reifen die Eizellen bis zum Eisprung heran. Diese wandern dann durch die Eileiter, wo die Befruchtung durch die Samenzellen stattfindet, in die Gebärmutter und nisten sich dort ein. Die Gebärmutter wird zur Scheide hin durch den Gebärmuttermund begrenzt. Die äußerlich sichtbaren Geschlechtsorgane sind die Schamlippen und die Milchdrüsen mit acht bis zwölf Zitzen.

▶ Bewegungsapparat

Das Stützgerüst des Körpers bilden die Knochen und Gelenke. An den Knochen sind durch Sehnen die Muskeln befestigt. Wenn ein Hund lahm geht, wird das schmerzende Bein von der Pfote aus nach oben untersucht. Häufig ist die Ursache eine Verletzung der feinen Haut zwischen den Zehen durch einen Splitter oder eine Schnittwunde. Als nächstes betastet man jedes Gelenk, um herauszufinden, wo die Lahmheit »sitzt« . Wenn man das schmerzende Gelenk berührt, wird der Hund winseln und das Bein wegziehen.

Reviermarkierung – eine gute Gelegenheit, den Urinabsatz zu kontrollieren.

Kontakt zum Tierarzt

Wenn Sie »auf den Hund gekommen« sind, sollten Sie sich frühzeitig nach der Adresse eines Tierarztes erkundigen. Gerne geben andere Hundebesitzer ihre Erfahrungen weiter, oder Sie suchen die Adresse einer nahegelegenen Tierarztpraxis aus dem Branchentelefonbuch heraus. Die Bezeichnung »Tierklinik« bedeutet dabei, daß rund um die Uhr ein Tierarzt für Notfälle erreichbar ist. Es gibt auch Tierärzte, die sich als Fachtierarzt für Kleintiere oder als Fachtierarzt für Chirurgie, Augenheilkunde o.ä. noch weiter spezialisiert haben.

Immer mehr Tierärzte bieten inzwischen auch naturheilkundliche Therapieformen an: Hier ist vor allem die Homöopathie zu nennen. Deren Prinzip ist es, »Ähnliches mit Ähnlichem« zu heilen, das bedeutet, Mittel zu verwenden, die in höherer Dosierung die Krankheitssymptome des Patienten hervorrufen. So wird der Körper zur Selbstheilung angeregt. Bei akuten und chronischen Erkrankungen, bei Verhaltensstörungen und psychischen Problemen wird ein erfahrener Homöopath nach genauer Untersuchung des Hundes und ausführlicher Befragung seines Besitzers das passende Arzneimittelbild finden. Nicht selten bietet die Homöopathie auch bei Erkrankungen, in denen die Schulmedizin nicht weiterkommt, alternative Behandlungsmöglichkeiten.

Akupunktur und Akupressur aktivieren Punkte auf der Körperoberfläche, die zu Meridianen (Energielinien) führen und bestimmten Organen entsprechen. Akupunktur verwendet Nadeln, Akupressur Fingerdruck, um diese Punkte anzuregen und das zugehörige Organ positiv zu beeinflussen.

Akupunktur tut nicht weh und schafft manchmal sehr`schnell Beschwerdefreiheit.

In der Bach-Blüten-Therapie werden Blütenessenzen angewandt, die den Organismus harmonisieren. So lösen sich gefühlsmäßige Blockaden, die eine Krankheit verursacht haben. Die Bach-Blüten-Therapie eignet sich deshalb besonders für seelische Krisen, wie z.B. Angstzustände oder Trauer.

Es gibt noch etliche andere alternative Behandlungsmethoden, die auch in der Tierheilkunde eingesetzt werden. Alle haben ihre Berechtigung neben der Schulmedizin, aber auch ihre Grenzen. Deshalb sollten Sie sich am besten von einem Tierarzt, der auch in der Naturheilkunde erfahren ist, über die individuelle Behandlung Ihres Hundes beraten lassen.

▸ Der erste Besuch beim Tierarzt

Nachdem sich Ihr Hund zwei bis drei Wochen in seiner neuen Umgebung eingelebt hat, können Sie ihn beim Tierarzt zum Gesundheitscheck vorstellen. Vereinbaren Sie einen Termin, damit der Tierarzt sich Zeit nehmen kann, Sie und Ihren Hund kennenzulernen, und damit Sie in Ruhe alle Fragen besprechen können, die Ihnen am Herzen liegen. Das ist für beide Seiten eine gute Gelegenheit, sich kennenzulernen, und der Hund lernt, daß der Tierarztbesuch kein schlimmes Erlebnis sein muß. Gewöhnen Sie ihn also daran, sich am ganzen Körper anfassen zu lassen. Dies können Sie erreichen, indem Sie Körperpflege und Gesundheitsvorsorge regelmäßig durchführen. Der Hund sollte den Kontakt mit fremden Personen kennen und weder Angst vor Fremden haben noch durch aggressives Verhalten eine Bedrohung für den Tierarzt und seine Mitarbeiter werden.
Falls Ihr Hund doch gelegentlich einmal zuschnappt, sollten Sie dies dem Praxispersonal rechtzeitig mitteilen. So können sich alle darauf einstellen und dem Hund eventuell einen Maulkorb anlegen. Sie tun gut daran, mit dem Hund vor dem Arztbesuch spazierenzugehen. Der Tierarztbesuch selbst ist wahrscheinlich aufregend genug, aber wenn Ihr Hund zu zappelig ist, weil er sich noch nicht austoben konnte, kann der Termin leicht in Streß ausarten. Daß der Hund sauber und mit trockenem Fell in die Praxis gebracht wird, sollte sich von selbst verstehen.

Leinen Sie Ihren Hund in der Praxis an, selbst wenn er gut gehorcht. Im Wartezimmer treffen Sie meist auf andere Hunde sowie Katzen, Kleintiere oder Vögel. Deren Besitzer sorgen sich verständlicherweise um ihre Lieblinge, wenn ein frei laufender fremder Hund in die Nähe kommt. Abgesehen davon weiß man nie, ob nicht einer der Patienten unter einer ansteckenden Krankheit leidet, die durch engen Kontakt auf Ihren Hund übertragen werden kann.

Im Behandlungsraum wird der Tierarzt wahrscheinlich Ihren Hund erst kurz kennenlernen wollen, bevor er ihn untersucht. Dann wird der Hund, je nach Größe, auf den Untersuchungstisch gehoben oder auf dem Boden stehend behandelt. So kann der Tierarzt alle Organsysteme beurteilen. Zudem sind die meisten Hunde auf dem Untersuchungstisch wesentlich ruhiger, weil sie weniger Fluchtmöglichkeiten sehen. Sie stellen sich am besten auf der Höhe des Kopfes neben Ihren Hund und streicheln ihn oder reden beruhigend auf ihn ein. Zum Abschluß der Untersuchung loben Sie Ihren Hund überschwenglich. Sie können auch von zu Hause eine kleine

Belohnung mitbringen, die er nach der Behandlung naschen darf.

Wenn der Hund dann wirklich einmal krank ist, dürfen Sie nicht zu lange warten, bis Sie den Tierarzt aufsuchen. In manchen Fällen heilt zwar eine Krankheit wirklich von allein aus, und mit etwas Erfahrung können Sie auch eher beurteilen, wie ernst Ihr Hund erkrankt ist. Aber gerade als Hunde-»Neuling« sollten Sie lieber einmal öfter zum Tierarzt gehen, als eine Erkrankung zu übersehen und zu riskieren, daß sie chronisch wird.

TIP

Hochheben des Hundes

- *Kleiner Hund: Griff unter den Brustkorb und Anheben mit einer Hand, die andere greift um das Hinterteil*
- *Großer Hund: Umgreifen des ganzen Hundes mit zwei Armen vor der Brust und hinter den Oberschenkeln oder zu zweit: einer vorn unter dem Brustkorb heben, einer das Hinterteil unter dem Bauch fassen.*
- *Bitte nicht im Nackenfell hochheben und niemals an den Vorderbeinen hochziehen, da Gefahr von Zerrungen besteht!*

Da der Hund seine Beschwerden nicht selbst schildern kann, ist der Tierarzt auf das angewiesen, was Sie ihm zur Vorgeschichte erzählen. Deshalb ist es wichtig, alle Verhaltensveränderungen und Geschehnisse zu beschreiben. Idealerweise legen Sie zu Hause ein Notizbuch an, in dem Sie Auffälligkeiten festhalten. Manches, was im Moment unabhängig voneinander erscheint, paßt zu einem bestimmten Krankheitsbild. Wenn Sie dem Tierarzt alle beobachteten Symptome und den Zeitpunkt des Auftretens schildern können, helfen Sie ihm, die Diagnose schneller zu finden.

Damit Sie beim Tierarzt nichts vergessen, können Sie sich zu Hause auch Fragen notieren. Vielleicht gibt es ja noch Dinge zu besprechen, die mit der aktuellen Erkrankung gar nichts zu tun haben.

Nehmen Sie die Unterlagen Ihres Hundes mit zum Tierarzttermin (siehe Checkliste). Wenn Ausscheidungen wie Kot oder Urin in ihrem Aussehen verändert sind oder wenn der Hund erbrochen hat, sollten Sie in einem sauberen Gefäß eine Probe davon mit zum Tierarzt nehmen. Oft kann er bereits von Aussehen oder Geruch auf eine Erkrankung schließen, oder er benötigt die Probe zur Untersuchung im Labor.

In der Regel sollten Sie den Hund nicht ohne Absprache mit dem Tierarzt mit Hausmitteln oder eigenen Medikamenten selbst behandeln. Wenn Sie oder ein anderer Tierarzt schon einen Behandlungsversuch gemacht haben, so müssen Sie dies dem Tierarzt mitteilen. Durch eine Vorbehandlung kann sich das Krankheitsbild bereits verändert haben und den Tierarzt in eine falsche Richtung leiten. Bringen Sie die Medikamente mit, die der Hund bekommen hat, und beschreiben Sie dem Tierarzt die Veränderungen, die daraufhin eingetreten sind.

Der Tierarzt untersucht Ihren Hund durch Anschauen, Abhören und Betasten. Eventuell sind zusätzlich eine Blutentnahme, Röntgenaufnahmen oder

Ultraschalluntersuchungen notwendig. Der Tierarzt bespricht die Ergebnisse mit Ihnen und wird Ihnen das weitere Vorgehen und die Behandlung erklären.

Die Medikamente für Ihren Hund können Sie meist gleich aus der tierärztlichen Hausapotheke mitnehmen. Halten Sie die verordnete Dosierung genau ein, und verpassen Sie nicht die Folgetermine, bei denen der Tierarzt die Genesung des Hundes kontrolliert. Am Ende der Behandlung findet die Abschlußuntersuchung statt, bei der sich der Tierarzt vergewissert, daß die Erkrankung völlig ausgeheilt ist.

WANN MUSS DER HUND ZUM TIERARZT? ▶ Sofort zum Tierarzt gehen sollten Sie bei folgenden Symptomen:

- Starke Blutungen, auch wenn sie durch Druckverband provisorisch versorgt sind
- Kreislaufkollaps, Schock: schwankender Gang, Zittern oder Krämpfe, Bewußtlosigkeit
- Atemnot, Ersticken: Keuchen, Röcheln, blaue Zunge
- Vergiftung: Speicheln, Erbrechen, Schwanken (die mutmaßliche Vergiftungsursache möglichst mitnehmen)
- Starke Schmerzen, Verletzung: plötzliche Lahmheit, Aufschreien, Stöhnen, apathisches Verhalten
- Verbrennung
- Erbrechen von Blut
- Wäßriger, blutiger Durchfall: Blut kann rot (frisch) oder braunschwarz (angedaut) sein
- Akute Verstopfung: Pressen auf Kot ohne Erfolg
- Blutiger Urin
- Harnverhaltung: Versuch, Urin abzusetzen, gelingt nicht
- Verschlucken eines Fremdkörpers

Noch am selben Tag zum Tierarzt bei diesen Anzeichen:

- Fieber: Temperatur über 40°C
- Atembeschwerden: angestrengte Atmung mit Atemgeräuschen
- Schwerer Durchfall: flüssiger bis wäßriger Kot
- Häufiges Erbrechen
- Augenerkrankungen: tränende oder eitrige Augen, starkes Blinzeln
- Starker Juckreiz: Kratzen und Beißen, Haut entzündet

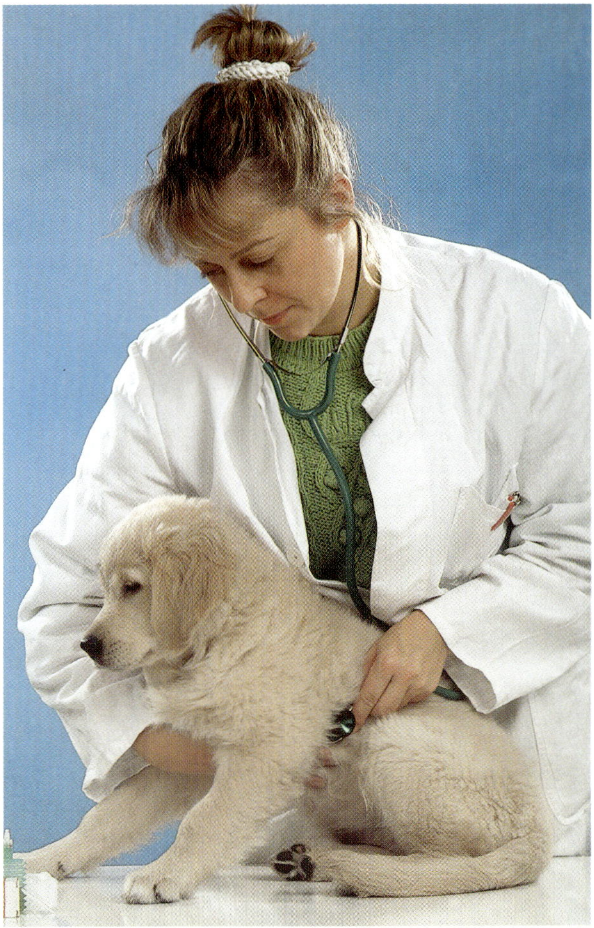

Gesundheitscheck beim Tierarzt ist bei guter Vorbereitung keine Aufregung mehr für Hund und Halter.

Häufiges Kratzen kann Symptom für verschiedene Erkrankungen sein.

- Appetitverlust: mit Erbrechen, Fieber oder Durchfall
- Erfrierungen
- Verletzungen: Bewegungsstörungen, Jammern, Winseln
- Plötzlich aufgetretene Schwellungen
- Starker Durst und häufiger Urinabsatz

Tierarztbesuch am nächsten Tag bei folgenden Erkrankungen:

- Mäßiger Durchfall: breiiger Kot, Flüssigkeitsaufnahme normal
- Juckreiz: gelegentliches Kratzen an verschiedenen Stellen
- Appetitverlust: bei ungestörtem Allgemeinbefinden
- Leichte Lahmheit

Der letzte Gang zum Tierarzt

Leider gibt es auch Erkrankungen, bei denen kein Medikament mehr wirkt und alle Therapiemöglichkeiten erschöpft sind. Wenn der Hund dann nur noch unter starken Schmerzen weiterleben kann und keine Hilfe mehr mög-

Impfplan

Alter in Wochen	*8*	*10*	*12*	*14*	*Auffrischung*
Parvovirose	•		•		1 Jahr
Zwingerhusten	•		•		1 Jahr
Staupe		•		•	1–2 Jahren
Leberentzündung		•		•	1–2 Jahren
Leptospirose		•		•	1 Jahr
Tollwut			•		1 Jahr

lich ist, sollten Sie ihn von seinen Leiden erlösen.

Dies ist eine der schwersten Entscheidungen, die Sie treffen müssen, aber Sie kennen Ihren Hund am besten und merken, wann er sich nur noch quält und keine Freude mehr am Leben hat. Ihr Tierarzt, der Sie und Ihren Hund bis dahin bestimmt schon lange betreut hat, wird Sie beraten und Ihnen ehrlich sagen, wann vom medizinischen Standpunkt der Zeitpunkt gekommen ist, ein todkrankes Tier einzuschläfern.

Überstürzen Sie Ihre Entscheidung nicht, aber lassen Sie sie auch nicht zu lange anstehen. Nehmen Sie sich Zeit, sich von Ihrem Freund zu verabschieden, und begleiten Sie ihn auf dem letzten Gang zum Tierarzt.

Der Tierarzt spritzt ein Beruhigungsmittel, durch das der Hund einschläft. Für den Hund ist das »nur« eine Spritze wie jede andere auch, und Sie sollten bei ihm bleiben, wenn er sie bekommt, und ihn im Arm halten. Dann wird ein Narkosemittel in Überdosierung direkt ins Blut gespritzt, und innerhalb von Sekunden setzen Herz- und Atemtätigkeit aus. Der Hund reagiert nicht mehr und verspürt auch keinerlei Schmerzen.

Überlegen Sie sich bitte vorher, ob Ihr Hund in der Tierarztpraxis bleiben soll oder ob Sie ihn mitnehmen und zu Hause beerdigen wollen.

Ein Besuch beim Tierarzt. Bleiben Sie, wenn irgend möglich, bei Ihrem Hund, denn Ihnen vertraut er am meisten.

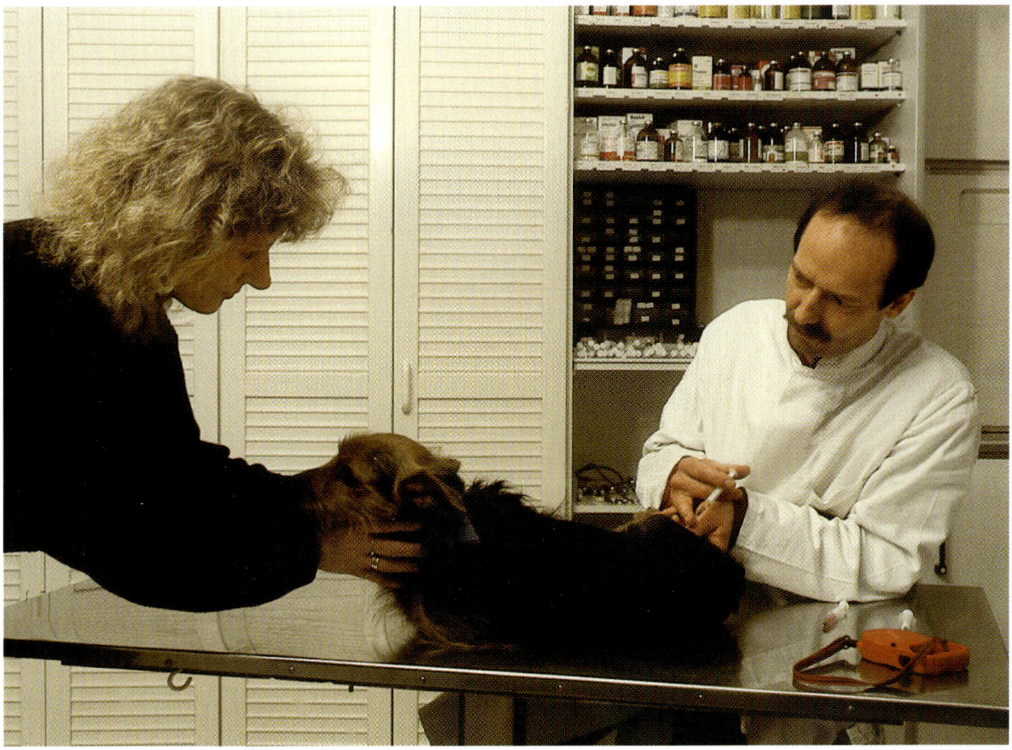

Vorsorge und Körperpflege

Wenn Sie sich einen Hund anschaffen wollen, sind Sie anfangs vielleicht noch etwas unsicher, wieviel und welche Körperpflege notwendig ist. Und zugegeben: Beim Betrachten des Sortiments von Pflegemitteln, Utensilien und Zusatzfuttermitteln für Hunde im Zoofachhandel fällt es selbst einem erfahrenen Hundebesitzer schwer, sich einen Überblick zu verschaffen und das Richtige und Notwendige für seinen Hund auszuwählen. Hier gilt: Weniger ist mehr, denn man kommt durchaus mit einigen wenigen Pflegeutensilien und -instrumenten zurecht. Wichtiger sind ein durchdachter Pflegeplan, regelmäßige Gesundheitschecks und die konsequente Krankheitsvorbeuge.

Die Erläuterungen zur Körperpflege des Hundes in diesem Kapitel sind allgemein gehalten. Es gibt durchaus Rassen, die besondere Fellpflege brauchen oder aufgrund der Züchtung eine zusätzliche pflegende Behandlung einzelner Körperteile benötigen. Hierauf gehen die verschiedenen Bände dieser Buchreihe zu den einzelnen Rassen genauer ein. Sollten Sie sich für einen Hund einer sehr pflegeintensiven Rasse entscheiden, berät Sie jeder seriöse Züchter bei Fragen oder Problemen.

▸ Körperpflege und Krankheitsvorbeugung

GEWICHT ▸ Der Ernährungszustand des Hundes ist ein wichtiges Anzeichen für seinen Gesundheitszustand. Ein erwachsener, gesunder Hund behält über viele Jahre sein Normalgewicht, und wenn sich daran etwas ändert, kann es ein Hinweis auf eine versteckte Erkrankung sein. Gewöhnen Sie sich deshalb an, den Hund einmal im Monat zu wiegen und das Gewicht zu notieren.

HAUT UND HAARKLEID ▸ Je nach Rasse und Typ ist das Fell strukturiert und braucht ganz unterschiedliche Pflege. Kurzhaarige Hunde striegelt man am besten mit einem Gumminoppenhandschuh, der gleichzeitig massierende Wirkung hat. Es reicht meist aus, die losen Haare einmal pro Woche damit auszubürsten. Bei langhaarigen Hunden bewährt sich ein breitzinkiger Metallstriegel gut. Damit kann man die Unterwolle ausbürsten, ohne zu sehr zu zerren, und kleinere Haarknäuel lösen sich. Hartnäckige Verfilzungen der weichen Wollhaare, etwa hinter den Ohren, sollte man mit einer scharfen Schere vorsichtig wegschneiden. Sie auszubürsten reizt die zarte Haut darunter unnötig und tut dem Hund sehr weh. Für einen schönen Glanz des Deckhaares striegelt man den Hund zum Schluß noch mit einer weichen Roßhaarbürste. Je nach Länge des Haarkleides und vor allem nach der Ausprägung der Unterwolle ist die Fellpflege bei langhaarigen

Achten Sie auf verfilzte Haarbüschel. Bei dichten Knäueln hilft nur noch Abschneiden oder sorgfältiges Entfilzen mit einem Spezialkamm.

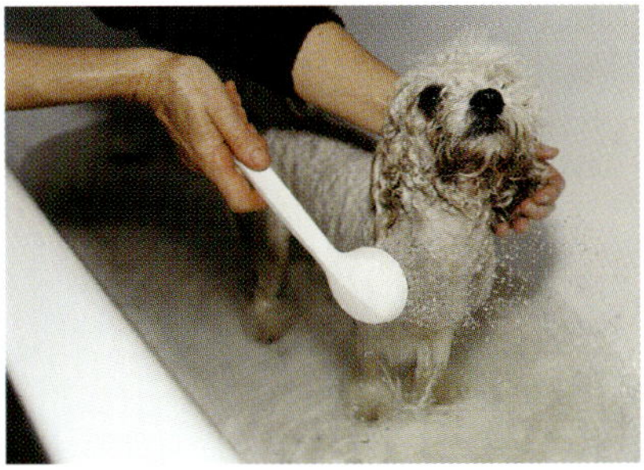

Manchmal ist eine Dusche wirklich notwendig. Mit viel Lob und einer rutschfesten Einlage in der Wanne kann das Planschen sogar Spaß machen.

Hunden in zweitägigem Rhythmus oder sogar täglich notwendig.

Einige Rassen werden überhaupt nicht gebürstet, sondern das Fell wird nur mit den Fingern zurechtgezupft. Außerdem gibt es viele Hunderassen, bei denen je nach Mode oder Geschmack des Besitzers regelmäßig ein Friseurtermin zum Trimmen ansteht. Zur Zeit des Fellwechsels ist bei allen Rassen häufigeres und intensiveres Bürsten angesagt. Die losen Haare jucken und verfilzen schnell, und Ihr Hund wird es genießen, wenn Sie ihn davon befreien.

Nach dem Spaziergang, gerade bei schlechtem Wetter, kommt der Hund oft völlig verdreckt und durchnäßt nach Hause. Da hilft nur eins: Ab unter die Dusche! Denn wenn der Schmutz im Fell trocknet, verkleben die Haare. Die Haut darunter kann nicht richtig trocknen, fängt bald an zu jucken und entzündet sich. Meist reicht es, Beine und Bauch des Hundes mit klarem Wasser abzuspülen, Kopf und Rücken sind weniger verschmutzt. Nach dem Abduschen wird der Hund mit einem Handtuch trockengerieben und darf auf einem warmen zugfreien Platz ruhen, bis er völlig trocken ist. Manche Hunde mögen es auch, mit dem Fön auf kleiner Stufe trockengefönt zu werden.

Normalerweise muß ein Hund nicht gebadet werden. Der übermäßige Gebrauch von Shampoos und Lotionen schädigt die Haut und mindert ihre Abwehrkräfte. Selbstverständlich gilt dies nicht für den fachgerechten Einsatz von Medizinalshampoos, die der Tierarzt zur Behandlung von Hauterkrankungen oder Parasitenbekämpfung verordnet.

Trotzdem gibt es immer einmal Situationen, in denen der Hund sich ausgiebig in Mist oder Kadavern gewälzt hat oder aus unergründlichen Quellen einen penetranten, nur für Hundenasen angenehmen Geruch mit nach Hause bringt. Dann ist ein Bad fällig, allerdings mit einem speziellen Hundeshampoo, das nach kurzer Einwirkzeit gründlich mit klarem, handwarmem Wasser ausgespült wird. Achten Sie darauf, daß kein Shampoo in Augen, Nase und Ohren gerät. Nach dem Baden muß der Hund gut abgetrocknet werden und darf an kalten Tagen erst wieder ins Freie, wenn die Haut richtig trocken ist.

OHR ▸ Regelmäßige Ohrenkontrolle ist wichtig, um Entzündungen rechtzeitig zu erkennen. Sie sollten sich angewöhnen, beim Bürsten jeweils auch einen Blick in die Ohren zu werfen.

Gesunde Hundeohren benötigen keine spezielle Pflege, weder mit Ohrreinigern noch mit Ohrpflegetüchern. Mit einem fusselfreien weichen Kosmetiktuch, eventuell mit neutralem parfümfreiem Pflegeöl etwas angefeuchtet, können Sie die Ohrmuschel reinigen und Ohrenschmalz aus dem Gehörgang entfernen, so weit Sie mit dem Finger

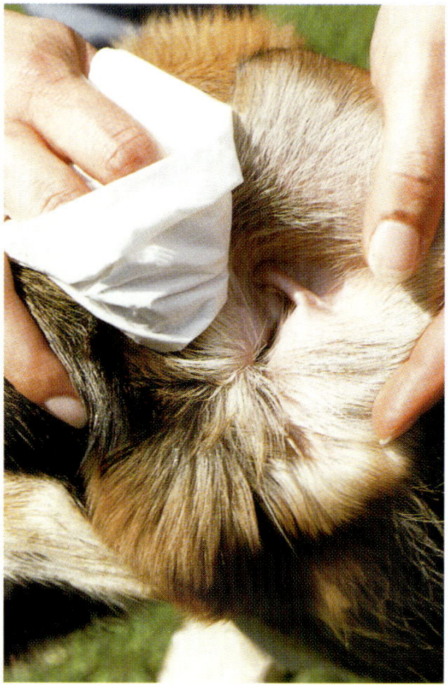

Bei der Körperpflege ist die regelmäßige Kontrolle der Ohren ein Muß.

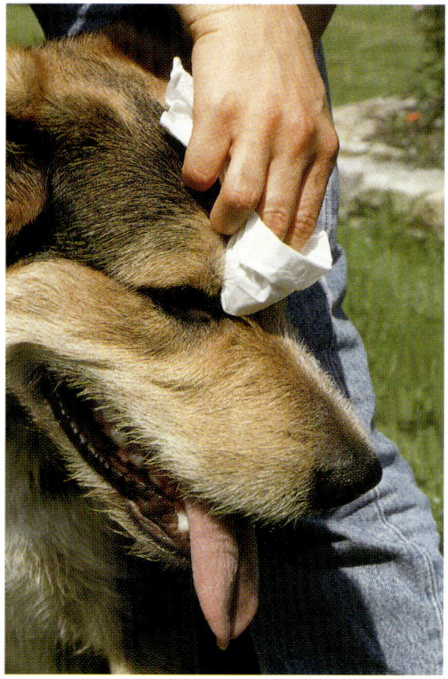

Wenn sich im Augenwinkel Sekret angesammelt hat, wird es vorsichtig weggetupft.

hineinkommen. Auf keinen Fall dürfen Sie den Gehörgang mit Wattestäbchen ausputzen. Hierbei schieben Sie Ohrenschmalz und eventuell Entzündungssekret in die Tiefe des Gehörgangs und können sogar das Trommelfell verletzen. Die Reinigung des Gehörgangs kann der Tierarzt mit Spezialinstrumenten vornehmen. Falls eine Entzündung vorliegt, wird er Ihnen zeigen, wie Sie die weitere Pflege durchführen müssen.

Manche Hunde mit Hängeohren neigen zu sehr üppigem Haarwuchs am Eingang des Gehörgangs. Diese Haare verkleben leicht und verhindern dann die Belüftung des Ohres. Es ist also zweckmäßig, sie regelmäßig einmal im Monat auszuzupfen. Man greift ein Büschel Haare mit einer Pinzette und zieht sie mit einem Ruck aus. Keine Angst, das hört sich schmerzhafter an, als es ist! Nach drei bis vier ausgezupften Büscheln ist der Gehörgang wieder frei.

AUGE ▸ Im nasenwärts gelegenen Augenwinkel sammelt sich leicht Sekret an. Solange dieses nicht eitrig oder stark schleimig ist, besteht kein Grund zur Sorge. Wischen Sie es mit einem fusselfreien feuchten Tuch vorsichtig zur Nase hin aus. Reiben Sie nicht zu stark, um das Auge nicht zu reizen oder eine Entzündung zu verursachen.

▸ Verdauungsorgane

MAUL ▸ Einige Hunderassen haben an der Seite der unteren Lefze eine Falte, in der sich Futter, Speichel und Schmutz sammelt.

Die Falte entzündet sich schnell, und die Entzündung ist recht hartnäckig. Diesen Hunden wischt man vorbeugend einfach nach dem Fressen mit einem feuchten Lappen die Lippen ab.

Regelmäßige Zahnpflege beugt Zahnsteinbildung vor und hält das Gebiß länger gesund. Einmal pro Woche sollte man dem Hund die Zähne putzen. Man verwendet eine weiche Zahnbürste und Hundezahnpasta, die man beim Tierarzt kaufen kann. Dann werden die Zähne gebürstet, soweit man sie erreichen kann. Besonders gründlich muß man den Übergang zum Zahnfleisch putzen, denn hier beginnt die Bildung des Zahnsteins.

Wird das Zähneputzen von klein auf geübt, können Sie die Zahngesundheit Ihres Hundes länger erhalten.

AFTER ▸ Gewöhnen Sie sich an, beim Spaziergang darauf zu achten, ob Ihr Hund Kot absetzt und wie dieser aussieht. Bis zu einem gewissen Grad ist Farbe und Konsistenz des Stuhlgangs abhängig von der Fütterung. Wenn Sie wissen, wie der Kot Ihres gesunden Hundes aussieht, können Sie eher beurteilen, wann er krankhaft verändert ist.

Kontrollieren Sie auch, ob die Afterregion verschmutzt ist, und reinigen Sie sie dann mit einem Papiertuch oder durch Abduschen.

HARNORGANE ▸ Genauso wie beim Kotabsatz sollte Ihnen sofort auffallen, wenn der Hund sich beim Harnabsatz anders verhält als sonst oder wenn der Urin verändert ist. Achten Sie beim täglichen Spaziergang darauf, ob der Hund häufiger als normal pinkelt oder ob er Schmerzen beim Wasserlassen hat.

▸ Geschlechtsorgane

Eine besondere Pflege der Geschlechtsorgane ist nicht notwendig. Achten Sie bei der Hündin auf trüben oder eitrigen Scheidenausfluß, besonders, wenn sich die Hündin auffallend häufig an der Scham leckt.

Der Blutausfluß während der Läufigkeit ist mengenmäßig bei jeder Hündin anders. Manche bluten nur ein wenig oder lecken sich jedes Tröpfchen Blut sofort weg, andere Hündinnen verlieren über längere Zeit tropfenweise Blut. Es gibt spezielle Schutzhöschen, die man der Hündin anziehen kann, um zu verhindern, daß alle Teppiche in der Wohnung mit Blut verschmiert werden.

Das Gesäuge der Hündin durchtastet man einmal im Monat, um Knoten im Gewebe frühzeitig zu entdecken. Besonders aufmerksam geht man dabei in der Zeit nach der Läufigkeit vor.

Für Hündinnen, die während der Läufigkeit stark bluten, ist ein Schutzhöschen praktisch.

Bewegungsapparat

Beim Bürsten und Säubern des Hundes sollten Sie auch auf den Zustand der Pfoten und der Krallen achten.

Zwischen den Zehen, an der sehr feinen und dünnen Haut, sammelt sich gerne Schmutz, oder die Haare verfilzen. Besonders aggressiv ist das Streusalz im Winter, das die empfindliche Haut sehr schnell reizt und zu Entzündungen führt. Kontrollieren Sie deshalb nach jedem Spaziergang, ob die Haut zwischen den Zehen verschmutzt oder gerötet ist. Bei nassem Wetter und im Winter kann man die Pfoten nach dem Spaziergang zur Reinigung einzeln in eine Schüssel mit klarem, handwarmem Wasser tauchen. So haben Schmutz und Streusalz keine Chance, die Haut zu schädigen.

Auch auf die Krallen wirft man täglich einen Blick, in der Regel ist keine besondere Pflege nötig. Es gibt allerdings Hunde, deren Krallen sich kaum abnutzen, sei es, daß sie sich wenig bewegen (alte Hunde) oder vorwiegend auf weichem Boden laufen. Bei manchen Hunden wächst das Krallenhorn auch einfach viel schneller als bei anderen. Wird es zu lang, bleibt der Hund an Unebenheiten hängen, zerrt sich den Zeh oder verletzt die Kralle. Hier kontrolliert man einmal im Monat die Länge der Krallen. Man betrachtet die Pfote von der Seite. Die Kralle soll eben auf dem Boden auftreffen, aber nicht die Zehe nach oben drücken. Tut sie dies, so muß sie gekürzt werden.

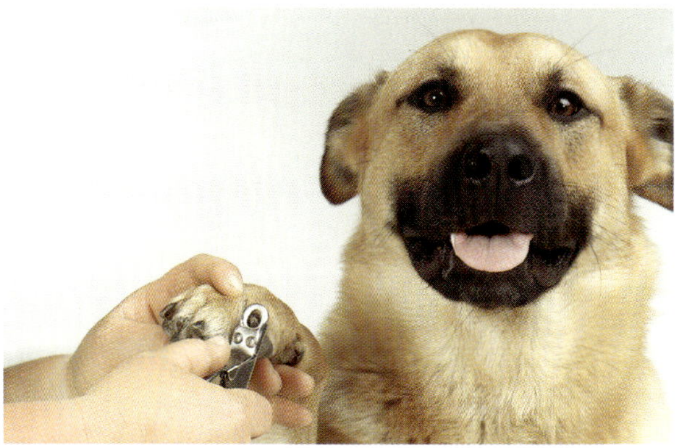

Bei nicht ausreichender Bewegung nutzen sich die Krallen nicht ab und müssen von Zeit zu Zeit fachmännisch gekürzt werden.

Beim Krallenschneiden muß man sehr vorsichtig vorgehen, denn im Krallenhorn verlaufen Blutgefäße und Nervenstränge, die man nicht verletzen darf. Bei hellen Kallen kann man gut sehen, wo die Blutversorgung endet, wie weit man also schneiden kann. Doch bei schwarzen Krallen ist dies eher »Gefühls«- und Erfahrungssache. Mit einer Krallenzange zwickt man die Spitze der Kralle ab und schneidet lieber noch einmal nach, als gleich zuviel abzuschneiden. Sie können das Krallenschneiden auch vom Tierarzt erledigen lassen oder sich von ihm genau zeigen lassen, bis wohin Sie schneiden dürfen. Eine andere Möglichkeit ist, die Krallen mit einer kräftigen Nagelfeile kürzer zu feilen, dabei kann nichts passieren.

Denken Sie immer daran, außer den vier Zehenkrallen auch die »Daumenkralle« am Vorderfuß und die Wolfskralle, die eventuell am Hinterfuß vorhanden ist, mit zu kontrollieren. Sie nutzen sich nicht durch Reibung ab und müssen eventuell häufiger gekürzt werden.

Impfungen

Zu den wichtigsten Maßnahmen der Gesundheitsvorsorge gehören die regelmäßigen Impfungen des Hundes. Durch konsequent und flächendeckend durchgeführte Impfprogramme konnten in den letzten Jahrzehnten viele der

Info

Bei unhygienischem Umgang mit dem Hund können sich auch Menschen mit bestimmten Parasiten anstecken. Lassen Sie sich deshalb vom Hund nicht den Mund ablecken, und achten Sie darauf, daß Sie sich nach der Hundepflege die Hände gründlich waschen. Besonders trifft dies auch für Kleinkinder zu, die mit dem Hund spielen und danach die Hände in den Mund stecken. Wenn Krabbelkinder zum Haushalt gehören, sollte man den Hund alle drei Monate entwurmen.

unheilbaren Hundekrankheiten zwar nicht ausgerottet, aber doch stark zurückgedrängt werden. Bei Einhaltung der empfohlenen Impfungen schützen Sie Ihren Hund vor der Infektion mit den jeweiligen Erregern. Besonders die Tollwutimpfung stellt nicht nur für den Hund, sondern auch für den Menschen den einzigen Schutz vor der tödlich verlaufenden Krankheit dar. Heute wird meist eine Kombinationsimpfung gegen verschiedene Krankheiten in einer Spritze gegeben. Die Impfstoffe sind sehr gut verträglich, und Nebenwirkungen treten äußerst selten auf. Der Züchter wird Ihnen, wenn Sie einen Welpen kaufen, den Impfpaß mitgeben, in den die ersten Impfungen schon eingetragen sind. Dieser Paß ist ein wichtiges Dokument und begleitet den Hund sein ganzes Leben lang. Die Eintragungen gelten als Nachweis der Impfung und sind wichtig, wenn Sie mit Ihrem Hund auf Ausstellungen gehen oder ins Ausland verreisen wollen. Zum Impfen muß der Hund gesund sein, deshalb führt der Tierarzt vor der Impfung einen kurzen Gesundheitscheck durch. Denken Sie auch daran, den Hund zwei Wochen vor dem Impftermin zu entwurmen, so daß er frei von Parasiten ist.

Entwurmen

Jeder Hund, der nach draußen kommt, infiziert sich mit Würmern. Anders als bei Schutzimpfungen gegen Infektionskrankheiten kann man Wurmbefall aber nicht vorbeugend behandeln. Jede Entwurmung tötet nur die Parasiten ab, die bereits im Körper sind, der Hund kann sich anschließend wieder neu infizieren. Deshalb ist es wichtig, die Ansteckungsmöglichkeiten so gering wie möglich zu halten. Lassen Sie den Hund unterwegs nichts fressen, was er

Wurmkuren

Welpen

- bis zum Alter von 3 Monaten in 4tägigem Abstand
- bis zum Alter von 1 Jahr in 3monatigem Abstand

Erwachsene Hunde

- im halbjährlichen Abstand, dabei eine Entwurmung 14 Tage vor der Impfung
Zuchthündinnen:
- nach der Läufigkeit zweimal im Abstand von 14 Tagen
- nach der Geburt 2 Monate lang alle 14 Tage

am Wegrand aufstöbert. Bekämpfen Sie Flohbefall rechtzeitig und konsequent, denn außer daß die Flöhe selbst lästig sind, übertragen sie Bandwürmer.

Zum Entwurmen gibt es zwei Ansatzpunkte: Entweder bringen Sie in regelmäßigen Abständen eine Kotprobe zum Tierarzt und entwurmen dann den Hund entsprechend dem Untersuchungsergebnis.

Sie können den Hund aber auch regelmäßig nach dem aufgeführten Schema entwurmen. Die Tabletten und Pasten gegen Würmer sind heute so gut verträglich, daß sie in der angegebenen Dosierung keinen Schaden anrichten und einem gesunden Hund bedenkenlos gegeben werden können. Besonders Welpen und säugende Hündinnen sollte man nach Plan entwurmen. Man kann davon ausgehen, daß sie immer leicht verwurmt sind, und sollte den Befall mit Parasiten so gering wie möglich halten, um eine optimale Entwicklung zu ermöglichen.

Termine zur Körperpflege und Krankheitsvorbeuge

- Täglich: Kontrolle des Kot- und Harnabsatzes, Bürsten (langhaarige Hunde), Lefzenpflege (bei bestimmten Rassen).
- Wöchentlich: Bürsten (kurzhaarige Hunde), Zähneputzen.
- Monatlich: Krallenpflege, Wiegen, Haare aus den Ohren zupfen (falls notwendig), Gesäuge der Hündin kontrollieren.
- Jährlich: Impfen

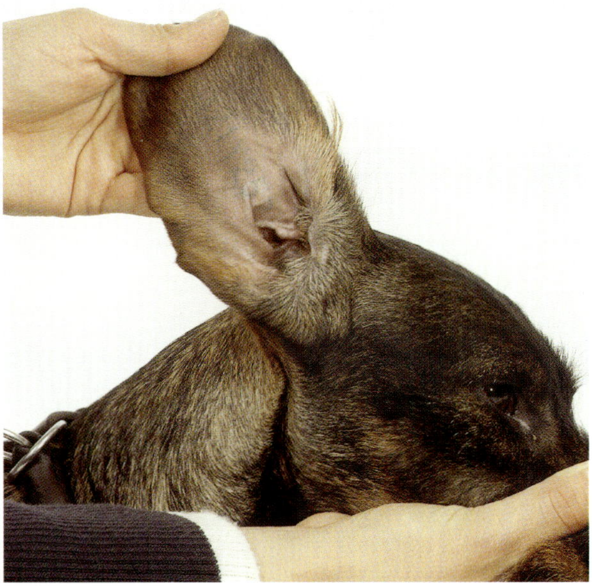

Eine gut lesbare Tätowiernummer im Ohr hilft im Fall der Fälle, den Hund wiederzufinden.

Kennzeichnung des Hundes

Eine Situation, die sich niemand vorstellen mag: Der Hund ist verschwunden! Leider kommt das immer wieder vor, aber zum Glück tauchen auch sehr viele Hunde wieder auf. Daß sie zu ihrem Besitzer zurückgebracht werden können, hängt davon ab, ob man den Hund eindeutig erkennen kann und seinen Besitzer ausfindig machen kann.

Es gibt verschiedene Möglichkeiten, seinen Hund zu kennzeichnen: Man kann am Halsband eine Plakette oder eine Metallhülse mit Namen und Telefonnummer befestigen. Dauerhafter ist die Tätowierung im Ohr oder an der Innenseite der Schenkel. Die vom Tierarzt eintätowierte Nummer wird in einem Zentralregister gespeichert. Wenn ein Hund entlaufen ist und von jemandem gefunden wird, kann über das Zentralregister der Besitzer ausfindig gemacht werden.

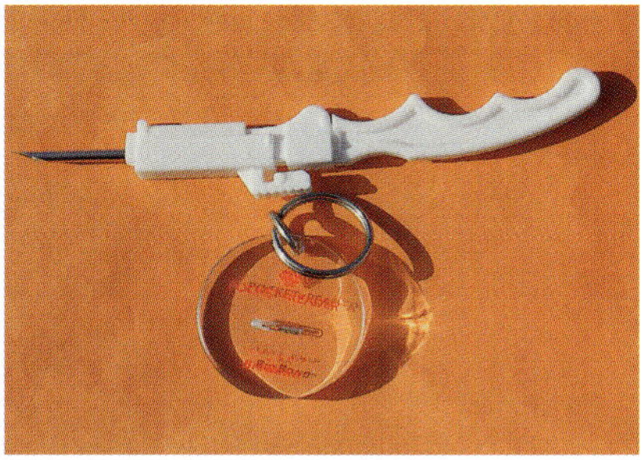

So sieht ein Mikrochip aus, der unter die Haut implantiert wird.

Seit einiger Zeit gibt es auch die Möglichkeit, den Hund mit einem Mikrochip zu kennzeichnen. Der Chip ist nur wenige Millimeter groß und wird dem Hund mit einer Spritze unter die Haut eingepflanzt. Die Prozedur ist nicht aufwendiger als die jährliche Schutzimpfung. Viele Tierärzte, Tierheime und Zollstationen haben mittlerweile Lesegeräte (ähnlich den Scannern im Supermarkt), womit sie die gespeicherte Nummer und dadurch den Besitzer erkennen können.

KURZ GESAGT ▸ Üben Sie alle Handgriffe und Pflegemaßnahmen schon regelmäßig mit Ihrem Welpen. Gewöhnen Sie ihn von klein auf daran, überall angefaßt zu werden, gewaschen und gebürstet zu werden, und fahren Sie ruhig auch einmal mit ihm zum Tierarzt, wenn er gar nicht krank ist. Je mehr Situationen der junge Hund kennenlernt und weiß, daß er sich nicht fürchten oder aufregen muß, um so gelassener wird er dann im Ernstfall auch einmal unangenehme Untersuchungen oder Behandlungen über sich ergehen lassen.

Natürlich sollen die Übungen anfangs immer nur ganz kurz sein, spielerisch gestaltet werden und stets mit Lob oder Belohnung abschließen.

▸ Tierarztkosten

Die Kosten für regelmäßige Gesundheitsvorsorge, Impfungen und Wurmkuren haben Sie wahrscheinlich eingeplant, als Sie überlegt haben, einen Hund aufzunehmen. Doch bedenken

Nützliche Pflegeutensilien

- ☐ Striegelhandschuh mit Gumminoppen oder weitzinkiger Metallstriegel
- ☐ Roßhaarstriegel
- ☐ Schere mit abgerundeten Spitzen
- ☐ weiche Zahnbürste
- ☐ Hundezahnpasta
- ☐ fusselfreie Tücher
- ☐ anatomische Pinzette (falls Ohren gezupft werden müssen)
- ☐ evtl. Krallenzange oder Feile
- ☐ Hundeshampoo
- ☐ Handtücher
- ☐ evtl. Schutzhöschen für die Hündin während der Läufigkeit

Versicherungen

In den letzten Jahren bieten immer mehr Versicherungsgesellschaften Policen für Hunde an. Im Prinzip keine schlechte Sache, aber seien Sie vorsichtig und prüfen Sie genau, welche Kosten die Versicherung im Ernstfall übernimmt. Manche Gesellschaften schließen Routinebehandlungen wie Impfungen oder Kastrationen aus, andere reduzieren ihr Angebot ganz beträchtlich, wenn der Hund ein bestimmtes Alter überschritten hat.

Sie auch unvorhergesehene Tierarztkosten, wenn der Hund einmal krank wird oder einen Unfall hat. Die Behandlung oder Operationen, die dann notwendig werden, können schnell sehr teuer werden. Planen Sie eine feste Summe monatlich für diesen Fall in die »laufenden Kosten Hund« ein.

Ernährung

Der Hund ist kein reiner Fleischfresser. Wenn man seinen Verwandten, den Wolf, beim Fressen beobachtet, so sieht man, daß er seine Beutetiere ganz, also nicht nur den Muskelanteil, frißt. Mit dem Magen- und Darminhalt nimmt er einen beträchtlichen Anteil pflanzlicher Nahrung mitsamt ihrer Vitamine und Ballaststoffe auf. Die Knochen haben einen hohen Calcium- und Mineralstoffanteil, die Innereien sind ebenfalls reich an Mineralien und Vitaminen, und das Fett enthält wertvolle Fettsäuren und fettlösliche Vitamine. Alle diese Komponenten müssen wir unserem Hund in seiner täglichen Futterration zukommen lassen.

Man kann das Futter selbst kochen, doch dazu muß man sich gut mit der Ernährungsphysiologie des Hundes auskennen. Um alle seine Bedürfnisse zu befriedigen und ihn mit selbstgekochtem Futter ausgewogen zu ernähren, braucht man erprobte Rezepte, die auch Zugaben von Mineralstoffmischungen und Vitaminen berücksichtigen. Finanziell günstiger wird das Selbstkochen, wenn man sehr viele Hunde versorgen muß, etwa im Tierheim oder in einer größeren Hundezucht.

Als Besitzer eines Familienhundes sind Sie auf jeden Fall gut beraten, den Hund mit Fertigfutter zu ernähren. Die Futtermittel, die im Handel erhältlich sind, werden bedarfsgerecht für Hunde hergestellt und mit genau berechneten Mengen Vitaminen und Mineralstoffen angereichert. Es gibt Aufzuchtfutter für Welpen, Futter für erwachsene gesunde Hunde und auch »Seniorenfutter«, die auf den Stoffwechsel des älteren Hundes abgestimmt sind. Auch für die meisten Erkrankungen, die eine besondere Diät erfordern, gibt es das passende Fertigfutter. Je nach Geschmack gibt es alle Futtersorten als

Die Auswahl an Fertigfutter ist riesig – auch für Ihren Hund ist das richtige dabei.

Trocken- oder als Dosenfutter. Achten Sie allerdings darauf, daß der Hersteller keine Farb- und Konservierungsstoffe verwendet, diese sind nicht notwendig und erhöhen nur das Risiko von Allergien. Wenn Sie den Hund vom Vorbesitzer abholen, bitten Sie ihn, Ihnen das gewohnte Futter für einige Tage mitzugeben, damit zu all dem Streß und der Aufregung für den Hund nicht noch ein Futterwechsel kommt. Wollen Sie dieses Futter nicht weiter geben, sollten Sie jeden Tag ein wenig mehr von dem neuen Futter unter das alte mischen. Viele Hunde reagieren nämlich mit Durchfall oder Verstopfung auf eine plötzliche Futterumstellung.

Wenn Sie das Futter gefunden haben, das Ihnen gefällt und Ihrem Hund schmeckt, so sollten Sie dabei bleiben. Der Hund braucht, wenn er hochwertiges Futter bekommt, keine Abwechslung. Richten Sie sich ungefähr nach den Rationsangaben des Herstellers, und variieren Sie die Menge je nach den Bedürfnissen Ihres Hundes etwas nach oben oder nach unten.

Man muß, sofern es sich um ein Alleinfuttermittel handelt, nichts zusätzlich füttern und sollte daran denken, die Häppchen und Leckereien, die der Hund nebenher bekommt, bei der täglichen Futterration zu berücksichtigen. Das Futter sollte stets zimmerwarm gegeben werden, denken Sie daran, die angebrochene Dose rechtzeitig aus dem Kühlschrank zu nehmen. Trockenfutter wird entweder trocken gefüttert, das hat den Vorteil, daß es nicht riecht und nicht schlecht wird. Man kann es aber auch einweichen, am besten mit lauwarmem Wasser, und verfüttern, wenn es vollständig aufgequollen ist. So vorbereitetes Futter ist leichter verdaulich.

Normalwerte

	kleiner Hund	*großer Hund*
Puls	90–160/min	70–100/min
Atemfrequenz	10–30/min	10–30/min
Temperatur	38,5°C–39,5°C	37,5°C–39,2°C

Der Hund muß immer frisches, sauberes Trinkwasser zur Verfügung haben. Bei sehr kaltem Wasser aus der Leitung gibt man eventuell einen Teil warmes Wasser dazu. Besonders häufig müssen Sie den Wassernapf kontrollieren, wenn der Hund mit Trockenfutter ernährt wird. Dann braucht er natürlich viel mehr Wasser als bei Fütterung mit Dosenfutter. Wird der Hund im Zwinger gehalten, achtet man im Winter darauf, daß das Wasser nicht zufriert. Tauschen Sie es bei Minustemperaturen häufig gegen frisches handwarmes Wasser aus, und geben Sie eine Prise Salz hinein.

So vermeiden Sie Fütterungsfehler

- ☐ Kein rohes Schweinefleisch (Aujeszkysche Krankheit) oder Geflügel (Salmonellen)
- ☐ Keine Knochen: Gefahr von Verstopfung oder Fremdkörpern durch Knochensplitter
- ☐ Eiklar nur gekocht verfüttern
- ☐ Keine Süßmilchprodukte: Milchzucker wirkt abführend
- ☐ Übriggebliebene Futterreste wegwerfen, Napf nach jeder Mahlzeit ausspülen

Organerkrankungen

Organerkrankungen

Haut und Haar

▸ Glanzloses Fell

SYMPTOME: Das Fell erscheint stumpf und struppig, in manchen Fällen besteht gleichzeitig Haarausfall. Die Haut kann trocken und schuppig sein. Eventuell leidet der Hund unter Juckreiz.
URSACHE: Die Ursachen für glanzloses Fell sind vielfältig. Die Ernährung kann unausgewogen sein, die Fellpflege unzureichend, ebenso kann eine Hormonstörung, eine Organerkrankung oder der Befall mit Hautparasiten der Grund für die Fellveränderung sein.
BEHANDLUNG: Überprüfen Sie die Fütterung, und achten Sie speziell auf die ausreichende Versorgung mit essentiellen Fettsäuren, Spurenelementen und Vitaminen. Regelmäßiges Bürsten des Haarkleides, besonders während des Fellwechsels, entfernt abgestorbene Haare und gibt dem Fell Glanz. Baden und Shampoonieren dagegen sind für die Hautflora und -elastizität des gesunden Hundes eher schädlich.

Untersuchen Sie Ihren Hund nach Flöhen und Hautpilzen. Sofern diese Ursachen auszuschließen sind, sollten Sie den Tierarzt zur Abklärung anderer Krankheiten aufsuchen.

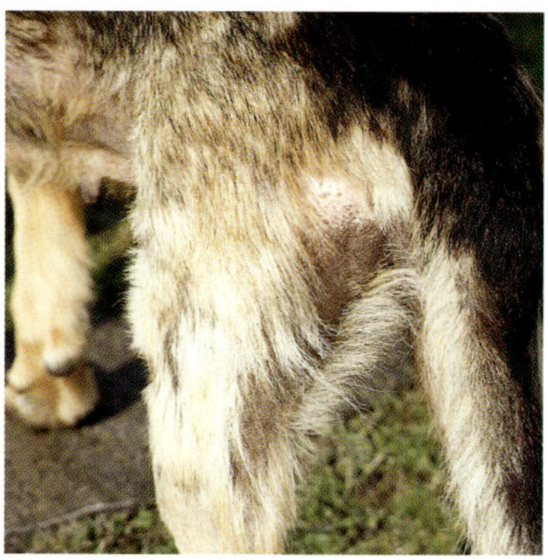

Haarausfall kann viele Ursachen haben.

▸ Haarausfall

Haarausfall ist meist keine eigenständige Erkrankung, sondern ein Symptom für eine Krankheit, deren Ursprung sich woanders im Körper befinden kann.
SYMPTOME: Der Hund verliert mehr Haare, als im gleichen Zeitraum nachwachsen. Der Haarausfall kann gleichmäßig über den ganzen Körper verteilt sein oder sich an bestimmten Stellen konzentrieren.
URSACHE: Haarausfall beim Hund kann viele unterschiedliche Ursachen haben. Ganz normal ist er während des Fellwechsels im Frühjahr und im Herbst, wobei sich allerdings die im Haus gehaltenen Hunde nicht streng an die Jahreszeiten halten, sondern einen eigenen Rhythmus des Fellwechsels ent-

wickeln können. Haarausfall kann mit oder ohne Juckreiz einhergehen und von Parasiten oder einer Allergie stammen. Er kann aber auch Symptom eines Vitamin- oder Mineralstoffmangels, einer Organerkrankung oder Stoffwechselstörung sein.

BEHANDLUNG: Sie sollten die Fütterung überprüfen und gegebenenfalls verbessern. Untersuchen Sie Haut und Haarkleid eingehend, und achten Sie auf Parasiten, wunde Hautstellen oder Verletzungen. Gegen diese Ursachen können Sie nach Anweisung des Tierarztes vorgehen. Sollten Sie allerdings keine Erklärung für den Haarausfall finden, ist eine exakte Untersuchung durch den Tierarzt notwendig, um die Erkrankung zu finden und behandeln zu können.

▸ Zunahme des Hautpigments

SYMPTOME: Die hellgrau- oder rosafarbene Haut verfärbt sich dunkel bis schwarz. Meist besteht gleichzeitig Haarausfall, und die Hautdicke nimmt zu. Oft sind nur bestimmte Körperregionen betroffen, z.B. die Innenseiten der Oberschenkel oder die Achseln, manchmal aber auch der ganze Körper.

URSACHE: Oft sind Hormonstörungen oder Stoffwechselerkrankungen die Ursache von Hautverfärbungen. Es kann eventuell aber auch ein Hauttumor vorliegen.

BEHANDLUNG: Konsultieren Sie Ihren Tierarzt, er wird die entsprechende Behandlung einleiten.

▸ Juckreiz

Juckreiz selbst ist keine Krankheit, sondern Symptom unterschiedlichster Erkrankungen.

SYMPTOME: Der Hund ist unruhig, kratzt und beißt sich auffällig oft, wobei der Juckreiz durch das Kratzen noch schlimmer wird, so daß ein regelrechter Teufelskreis entsteht. Schließlich entzündet sich die Haut oder wird durch die Krallen beim Kratzen verletzt, blutet oder eitert.

URSACHE: Es gibt extrem viele Ursachen für Juckreiz, und oft sind die Untersuchungen bis zur Diagnosestellung sehr aufwendig und langwierig. Flöhe, andere Parasiten oder Pilzbefall sind häufig für Juckreiz verantwortlich, ferner kommen bei Hunden nicht selten Kontakt- oder Futterallergien vor. Es können aber auch Organerkrankungen, Hormonstörungen oder eine immunbedingte Erkrankung vorliegen.

BEHANDLUNG: Juckreiz ist immer ein ernstzunehmendes Krankheitssymptom. Man sollte den Tierarzt möglichst frühzeitig aufsuchen, denn ist die Haut durch Beißen und Kratzen erst verändert, wird es immer schwieriger, die eigentliche Ursache für den Juckreiz zu finden. Für den Tierarzt ist es sehr wichtig, möglichst genaue Angaben über das erste Auftreten des Juckreizes zu erhalten und über die Umstände, unter denen sich der Hund hauptsächlich kratzt. Er wird ein Hautgeschabsel entnehmen und dieses auf Parasiten untersuchen, eventuell eine Blutprobe untersuchen und als nächstes einen Allergietest durchführen. Zur Linderung des Juckreizes gibt es Medikamente, Salben und Shampoos, die Sie streng nach Absprache mit dem Tierarzt einsetzen sollten.

▸ Eitrige Hautentzündung

SYMPTOME: Die Haut ist zunächst entzündet, dabei hochrot, geschwollen und sehr schmerzhaft. Sie beginnt zu nässen und dann zu eitern. Die Haare über der betroffenen Stelle verkleben. Die vereiterte Haut riecht unangenehm, oft ist dieses Symptom der erste Hinweis auf die Erkrankung. Der Hund beleckt die entzündete Haut häufig, was aber meist zur Verschlimmerung des Zustandes führt.

URSACHE: Verletzungen, Hautparasiten oder übermäßiges Baden mit ungeeigneten Shampoos können die Haut schädigen und ihre natürliche Abwehrkraft schwächen. Andere Ursachen können Hormonstörungen oder Allergien sein. Verfilztes Fell oder tiefe Hautfalten bilden Bereiche, in denen keine Luft an die Haut gelangt und an denen sich Feuchtigkeit sammelt. Ist die Haut vorgeschädigt, können die normalerweise harmlosen Hautbakterien sich explosionsartig vermehren und Entzündungen und Eiterungen verursachen.

BEHANDLUNG: Die Haare über der entzündeten Haut werden geschoren und die Haut mit einem milden Desinfektionsmittel gereinigt. Durch kalte Umschläge kann der Juckreiz gelindert und die Entzündung etwas eingedämmt werden. Der Hund muß, eventuell durch Anlegen eines Halskragens, daran gehindert werden, sich zu lecken.

Behandelt man die Entzündung im Anfangsstadium, genügen diese Maßnahmen oftmals, um die Selbstheilungskräfte der Haut zu unterstützen. Bestehen die vereiterten Hautbezirke allerdings seit längerer Zeit, so sind tiefere Hautschichten betroffen. Der Hund sollte so bald wie möglich dem Tierarzt vorgestellt werden. Er untersucht ein Hautgeschabsel und verordnet je nach Schwere des Falles Wundsalben oder antibiotikahaltige und juckreizlindernde Medikamente. Außerdem wird er zusammen mit Ihnen versuchen, die Ursache der Hauteiterung zu finden, um sie abzustellen.

▸ Hautpilz

SYMPTOME: Eine »typische« pilzbefallene Hautstelle ist kreisrund. Die Haare brechen vom Zentrum her ab, so daß kahle Bezirke entstehen. Pilzbefall kann sich aber auch anders darstellen. Juckreiz kann, muß aber nicht bestehen.

URSACHE: Hautpilze können durch direkten Kontakt von einem Hund auf einen anderen übertragen werden. Es ist aber auch eine indirekte Übertragung möglich durch die Benutzung von Bürsten oder Decken, an denen der Pilz haftet. Nicht bei jedem befallenen Hund bricht die Erkrankung auch aus. Meist erkranken Welpen, alte Hunde oder Hunde, bei denen die Abwehrkräfte durch andere Krankheiten bereits geschwächt sind.

Die Pilzerkrankung tritt bevorzugt im Winter und bei langhaarigen Hunden auf, denn die Pilze lieben feuchtes Hautklima.

BEHANDLUNG: Eine genaue Diagnose kann nur Ihr Tierarzt stellen. Hierzu nimmt er ein Hautgeschabsel, um in einem speziellen Nährmedium den Pilz anzuzüchten und zu bestimmen. Einige Hautpilze kann der Tierarzt direkt mit der Wood-Lampe (UV-Licht) als leuchtendgrüne Gebilde nachweisen.

Der Tierarzt schert großzügig die Haare um die erkrankten Hautstellen, denn Luft und Sonnenlicht mindern den Pilzbefall. Je nach Ausbreitung der Erkrankung wird er Salben zum Auftragen auf die Haut verordnen oder ein pilzabtötendes Pulver, das mit dem Futter über mehrere Wochen verabreicht werden muß.

Es ist wichtig zu wissen, daß Hautpilze vom Hund auf den Menschen übertragen werden können. Hier sind besonders Kinder, alte und kranke Menschen gefährdet. Sie sollten daher bei Auftreten eigener Hautsymptome Ihren Arzt auf die Pilzinfektion des Hundes hinweisen.

▸ Allergische Hauterkrankungen

SYMPTOME: Auffälligstes Erkrankungssymptom ist der starke Juckreiz. Der Hund findet keine Ruhe, leckt, beißt und kratzt die betroffenen Hautstellen. Die Haut ist gerötet, oft verdickt und sehr berührungsempfindlich. Es können kleine flüssigkeitsgefüllte Bläschen zu sehen sein, auch Haarausfall und Krustenbildung kommen vor. All diese Symptome werden durch das ständige Beißen und Kratzen verstärkt, die Haut näßt und eitert. Im weiteren Verlauf werden tiefere Hautschichten beteiligt, so daß die Haut nur noch unter Narbenbildung ausheilen kann.

URSACHE: Als Ursache kommen oft Hautparasiten wie Flöhe in Frage. Aber auch Allergien auf bestimmte Futterinhaltsstoffe, Pflanzenbestandteile, Kontaktallergien auf Hausstaub, Reinigungsmittel, Kunststoffe, Medikamente oder Pflegemittel sind recht häufig. Allergien können in jedem Alter auftreten, einige Allergieformen zeigen sich aber häufiger bei bestimmten Rassen oder Familien.

BEHANDLUNG: Zusammen mit Ihrem Tierarzt müssen Sie versuchen, die Ursache der Allergie zu finden. Bedenken Sie alle Umstände, die sich für Ihren Hund in letzter Zeit verändert haben, und berichten Sie dem Tierarzt darüber. Im günstigsten Fall finden Sie so die auslösende Ursache und können sie abstellen.

Allerdings kann sich die Suche nach der Allergieursache und die darauffolgende Behandlung sehr langwierig gestalten. Haben Sie Geduld, und brechen Sie die Behandlung nicht vorzeitig ab. Oft dauert es mehrere Wochen, bis sich Besserungen einstellen.

Bei einer Kontaktallergie kann der Tierarzt einen Allergietest durchführen.

Bei Allergie ist die Haut gerötet, entzündet und hochempfindlich.

Wird durch den Hauttest das auslösende Allergen gefunden, kann eine Hyposensibilisierung durchgeführt werden. Der Hund wird dabei kleinen Dosen des allergieauslösenden Stoffes ausgesetzt, die die Selbstheilungskräfte des Körpers anregen.

Wird eine Futterallergie vermutet, so wechselt man zu einem Futter, das keine der bisher verwendeten Zutaten hat, z.B. Lamm und Reis.

Unterstützend verordnet der Tierarzt je nach Schwere des Falles juckreizlindernde Medikamente, Salben oder Shampoos. Gute Erfolge werden oft auch durch Eigenblutbehandlungen oder durch die Behandlung eines erfahrenen Homöopathen erreicht.

▶ Autoimmunkrankheit

SYMPTOME: Es bilden sich Bläschen sowie Rötungen, Krusten und Schuppen auf der Haut, die bald zu eitern beginnen. Bevorzugt werden die Übergänge von der Haut zur Schleimhaut befallen, also alle Körperöffnungen. Oft werden die Hautveränderungen durch direktes Sonnenlicht (UV-Strahlen) ausgelöst oder verstärkt.

URSACHE: Infolge einer anderen Grundkrankheit, Medikamentengabe oder äußerer Einwirkungen entgleisen die Abwehrkräfte des Hundes und richten sich gegen körpereigene Gewebe. Häufig ist hierbei die Haut betroffen.

BEHANDLUNG: Die Diagnosestellung ist aufwendig, mehrere Blut- und Gewebeuntersuchungen müssen in spezialisierten Labors durchgeführt werden.

Einige Formen der Autoimmunkrankheit sind gegen jede Therapie resistent. In günstigeren Fällen wird vom Tierarzt eine Behandlung eingeleitet, die über einen langen Zeitraum, meist sogar lebenslänglich, fortgesetzt werden muß.

▶ Sonnenbrand

SYMPTOME: Nach einem Sonnenbad rötet sich die Haut, entzündet sich, näßt und eitert schließlich. Wird der Hund längerfristig weiter der Sonne ausgesetzt, können sich an den erkrankten Stellen auch Tumoren bilden.

URSACHE: Bevorzugt sind während eines Aufenthalts in der prallen Sonne Körperstellen betroffen, an denen die Haut dünn und spärlich mit Fell bewachsen ist, etwa der Nasenrücken, die Lippen und die Ohrränder.

BEHANDLUNG: Bemerken Sie bei Ihrem Hund einen Sonnenbrand, so müssen Sie ihn sofort aus der Sonne holen und die geröteten Hautpartien kühlen. Zusätzlich bekommen Sie von Ihrem Tierarzt eine Salbe, die die Entzündung lindert und einen hohen Lichtschutzfaktor hat.

▶ Grützbeutel (verstopfte Talgdrüse, Atherom)

SYMPTOME: In der Unterhaut kann man ein rundes, gut verschiebliches Gebilde ertasten, das sich langsam ausdehnt. Manche Hunde neigen zu Atheromen, die sich dann in großer Zahl über den Körper verteilt finden.

URSACHE: Bei einem Atherom oder auch Grützbeutel handelt es sich um eine verstopfte Talgdrüse.

BEHANDLUNG: Solange der Grützbeutel den Hund nicht stört und nicht allzu groß wird, ist keine Behandlung notwendig. Auf keinen Fall sollte man versuchen, ihn auszudrücken, denn hierbei kann sich das Atherom in die Unterhaut entleeren und zu Entzündungen führen. Der Tierarzt kann die

Talgdrüse nach einem kleinen Hautschnitt entleeren bzw. die gesamte Drüse entfernen.

Abszeß

SYMPTOME: Ein Abszeß ist eine mit Eiter gefüllte Bindegewebskapsel. Zunächst bildet sich, meist nach einer unscheinbaren Hautverletzung, eine derbe, schmerzhafte Schwellung, die auch zu einer fieberhaften Allgemeinerkrankung des Hundes führen kann. Später läßt der Schmerz nach, und man kann beim Betasten der prallen Umfangsvermehrung die Flüssigkeit im Hohlraum fühlen.
URSACHE: Ein Abszeß entsteht, wenn über Wunden Eitererreger in den Körper gelangen und sich die Wundöffnung verschließt.
BEHANDLUNG: Im Frühstadium können Sie versuchen, durch Wundtoilette mit einem milden Desinfektionsmittel der Abszeßbildung vorzubeugen. Eventuell finden Sie auch einen Fremdkörper (z.B. Holzsplitter), der entfernt werden muß. Hat sich die Hautwunde bereits geschlossen, so wartet man ab, bis sich der Abszeß ausgebildet hat, gereift ist. Die Reifung kann durch das Auftragen von Zugsalbe unterstützt werden. Dann wird der Abszeß vom Tierarzt gespalten, damit der Eiter ablaufen kann. Eine Drainage wird gelegt, die den Abfluß offenhält. Die Abszeßhöhle wird dann in ein- bis zweitägigen Abständen gespült, bis kein Eiter mehr abfließt und sie sich langsam von innen her schließt.

Hauttumoren

SYMPTOME: Hauttumoren können an allen Stellen des Körpers auftreten und in ihrem Aussehen stark variieren. Als Faustregel gilt, daß gutartige Tumoren eher langsam wachsen und vorwiegend bei älteren Hunden auftreten. Bösartige Tumoren dagegen wachsen manchmal geradezu explosionsartig. Ihre Oberfläche ist oft zerklüftet und entzündet sich schnell. Die exakte Diagnose kann aber nur nach Entnahme einer Gewebeprobe und deren Untersuchung in einem Speziallabor gestellt werden.
BEHANDLUNG: Gutartige Tumoren kann man, solange der Hund sich nicht durch sie gestört fühlt, an Ort und Stelle belassen. Bei bösartigen Tumoren wird der Tierarzt Sie darüber aufklären, in welchem Stadium sich der Tumor befindet und ob die operative Entfernung möglich und sinnvoll ist.

Liegeschwielen

SYMPTOME: Meist entstehen Liegeschwielen als umschriebene Hautstellen mit verhornter, rissiger Oberfläche am Ellbogen. Die Schrunden können reißen und bluten, so daß Krankheitserreger eindringen und eine Entzündung verursachen können.
URSACHE: Der Hund liegt oft auf hartem Boden, dadurch wird die Haut über dem Ellbogen stark beansprucht und verhornt.
BEHANDLUNG: Geben Sie Ihrem Hund eine weiche Unterlage auf seinen Lieblingsplatz, so vermeiden Sie eine Ausdehnung der Liegeschwielen. Falls die Haut sehr rauh und rissig wird, können

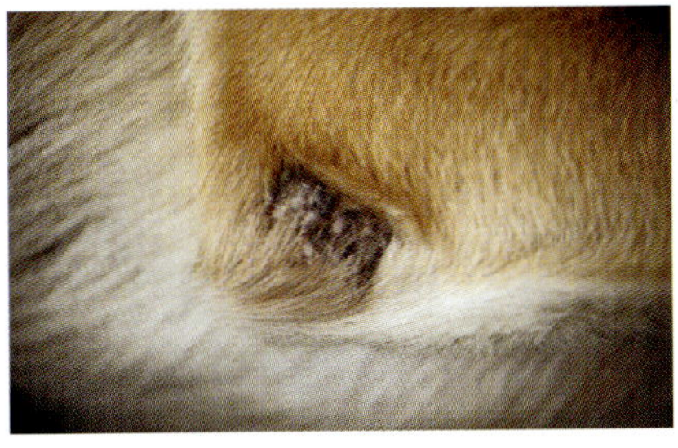

Liegeschwielen entstehen über hervorstehenden Knochenvorsprüngen.

Sie sie mit einer fetthaltigen Salbe pflegen. Bei entzündeter Haut gibt Ihnen der Tierarzt eine Salbe mit.

▸ Zwischenzehenentzündung

SYMPTOME: Der Hund leckt und beißt die Haut zwischen den Zehen, diese ist gerötet und eventuell verletzt.
URSACHE: Fremdkörper wie Getreidegrannen, Glas- oder Holzsplitter können in die feine Haut zwischen den Zehen eingedrungen sein, oder sie kann von Chemikalien, wie z.B. Streusalz, gereizt sein. Auch Milben können eine Entzündung verursachen.
BEHANDLUNG: Pflegen und untersuchen Sie regelmäßig die Pfoten Ihres Hundes, so daß Sie Entzündungen frühzeitig bemerken. Versuchen Sie, einen eingedrungenen Fremdkörper vorsichtig zu entfernen. Tragen Sie eine Wundsalbe auf und legen Sie einen leichten Schutzverband an. Klingt die Entzündung nicht ab, suchen Sie den Tierarzt zur Behandlung auf. Eventuell kann es notwendig sein, dem Hund für einige Tage einen Halskragen anzulegen, um ihn am Lecken zu hindern.

▸ Wunden

SYMPTOME UND URSACHEN: Man unterscheidet je nach Ursache Schnitt-, Stich- und Rißwunden sowie nach der Beteiligung des verletzten Gewebes oberflächliche und tiefe Wunden. Oft bluten Hautwunden stark. Wenn sie verschmutzt sind, werden sie schnell von Bakterien besiedelt und eitern.
BEHANDLUNG: Zu den Kenntnissen in Erster Hilfe gehört auch die Versorgung stark blutender Wunden, sie kann dem Hund das Leben retten.

Tiefe und klaffende Wunden müssen so bald wie möglich dem Tierarzt vorgestellt werden, denn eine optimale Heilung mit Wundnaht ist nur in den ersten sechs Stunden nach ihrer Entstehung möglich. Der Tierarzt führt die Wundtoilette durch, legt eventuell einen Verband an und informiert Sie über die Nachbehandlung.

Wichtig ist, daß der Hund die Wunde nicht beleckt, denn dadurch wird die Heilung verzögert. Hier kann es notwendig sein, ihm einen Halskragen anzulegen.

Kleine und oberflächliche Wunden versorgt man mit einer Wundsalbe und läßt sie möglichst offen, denn Luftzutritt fördert die Heilung. Dazu ist es sinnvoll, die Haare um die Wunde ein wenig wegzuschneiden, damit das Fell durch das Wundsekret nicht verklebt und die Wunde verdeckt.

▸ Flöhe

SYMPTOME: Flohbisse verursachen starken Juckreiz, zudem löst der Flohspeichel bei vielen Hunden eine Allergie aus.
URSACHE: Flöhe leben hauptsächlich auf dem Hund, können aber auch auf Menschen übergehen. Sie legen Eier, die zu Boden fallen und deshalb an den Liegeplätzen des Hundes zu finden sind.
BEHANDLUNG: Insektensprays, -puder oder -shampoos bekämpfen die Flöhe am Hund. Es sind auch Medikamente erhältlich, die auf die Haut geträufelt werden und ins Blut übergehen. Der Floh saugt die für den Hund ungiftigen Stoffe auf und stirbt.

Seit einigen Jahren gibt es Tabletten, die dem Hund einmal im Monat eingegeben werden. Der Wirkstoff verteilt sich im Körper und verhindert beim Floh, nachdem er beim Blutsaugen aufgenommen wurde, die Entwicklung der Larven.

Unabhängig von der Behandlung des Hundes ist es dringend notwendig, die Umgebung des Hundes, besonders seine bevorzugten Liegeplätze, in die Behandlung mit einzubeziehen.

TIP

Hat mein Hund Flöhe? Scheiteln Sie das Fell Ihres Hundes an verschiedenen Stellen, und achten Sie auf kleine, pünktchengroße, schwarze Krümel. Entdecken Sie diese, kämmen Sie sie aus und legen Sie dabei ein feuchtes Papiertuch unter. Wenn Sie beobachten, daß die Krümel rot zerlaufen, handelt es sich um Flohkot. Dieser enthält Reste von Blut, die der Floh nicht verdaut hat.
Die Flöhe selbst sehen Sie am besten an wenig behaarten Stellen, z.B. den Innenseiten der Oberschenkel.

Cheyletiellen (Fellmilben)

SYMPTOME: Intensiver Juckreiz wird von starker Schuppenbildung, besonders auf dem Rücken, begleitet.
URSACHE: Cheyletiella ist die »Fellmilbe«, die mit bloßem Auge als »wandernde Schuppe« zu erkennen ist. Sie legt ihre Eier an den Haaren des Hundes ab.

Läuse

SYMPTOME: Starker Juckreiz und »mottenzerfressenes« Fell.
URSACHE: Die Läuse leben im Fell des Hundes, ihre Eier (Nissen) kleben fest an den Haaren.

Haarlinge

SYMPTOME: Ähnlich wie beim Läusebefall kratzt der Hund sich oft und heftig.
URSACHE: Haarlinge leben auf der Haut und legen ihre Eier an den Haaren des Hundes ab.

Herbstgrasmilben

SYMPTOME: Orangefarbene, stecknadelkopfgroße Punkte sind an den Füßen oder am Bauch des Hundes zu finden. An diesen Stellen ist die Haut gereizt und entzündet, der Hund beißt und kratzt sich.
URSACHE: Herbstgrasmilben sind besonders im Sommer und Herbst aktiv. Sie heften sich an die Haut, wenn der Hund sie beim Spazierengehen vom Gras abstreift.

Äußere und innere Parasiten

1. Hundefloh
2. Zeckenmännchen
3. Zeckenweibchen
4. Haarbalgmilbe
5. Herbstgrasmilbe
6. Grabmilbe
7. Spulwurm
8. Bandwurm

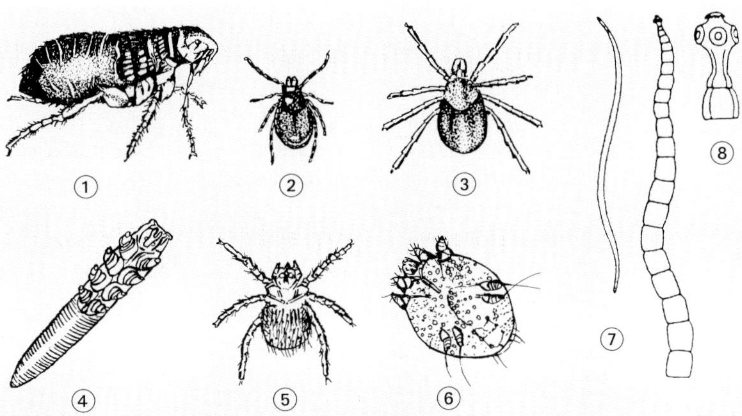

BEHANDLUNG von Cheyletiellen, Läusen, Haarlingen und Herbstgrasmilben: Einmal wöchentlich wird der Hund mit einem Insektizid-Shampoo gebadet, die Behandlung muß über 3 bis 5 Wochen durchgeführt werden.

▸ Räude

SYMPTOME: Der Hund leidet unter starkem Juckreiz am ganzen Körper. Büschelweise fallen die Haare aus, so daß das Fell aussieht wie von Motten zerfressen. Die Räude ist hochgradig ansteckend, wird durch direkten Kontakt übertragen und kann auch den Menschen befallen.

URSACHE: Räude wird von der Sarkoptes- oder Grabmilbe verursacht, einem Parasit, der sich in die Haut eingräbt und dort auch seine Eier legt.

BEHANDLUNG: Der Tierarzt untersucht ein Hautgeschabsel und kann in diesem die Räudemilben nachweisen. Dann verordnet er ein Shampoo, das die Milben abtötet. Die Behandlung muß mehrmals durchgeführt werden, um auch die neu geschlüpften Milben sicher zu bekämpfen.

▸ Demodikose

SYMPTOME: Die Demodikose tritt bei jungen Hunden oft örtlich begrenzt am Kopf oder an den Füßen auf. Man sieht haarlose runde Hautstellen mit schuppigem Rand. Diese Form verläuft recht harmlos und heilt meist von selbst ab.

Bei geschwächten oder kranken Tieren kann es aber vorkommen, daß sich die Demodikose über den ganzen Körper ausbreitet. Hier zeigt sich die Haut großflächig entzündet und ist anfällig für zusätzliche bakterielle Entzündungen.

URSACHE: Der Erreger ist die Demodex- oder Haarbalgmilbe, die in geringer Zahl auch bei gesunden Hunden in den Haarbälgen und Talgdrüsen lebt. Vermindert sich die Abwehrkraft des Organismus, können sich die Milben stark vermehren.

BEHANDLUNG: Die örtliche Erkrankung kann mit milbenabtötenden Shampoos behandelt werden. Die generalisierte (großflächige) Form ist äußerst schwierig zu behandeln. Die Therapie ist langwierig und aufwendig und zielt darauf ab, die Parasiten wirksam zu bekämpfen und die bakterielle Hautentzündung zu lindern.

▸ Zecken

SYMPTOME: Die Zecke entdeckt man manchmal, wenn sie noch im Fell umherwandert, dann ist sie nur 1 bis 2 mm groß. Meist hat sie sich allerdings bereits in der Haut des Hundes festgesaugt und kann eine Größe von knapp 1 cm erreichen.

URSACHE: Der Holzbock (Ixodes ricinus) sitzt vornehmlich in den Sommermonaten im Gebüsch und dichten Unterholz. Die braune Hundezecke (Rhipicephalus sanguineus) wird aus wärmeren Gegenden eingeschleppt und hält sich eher in

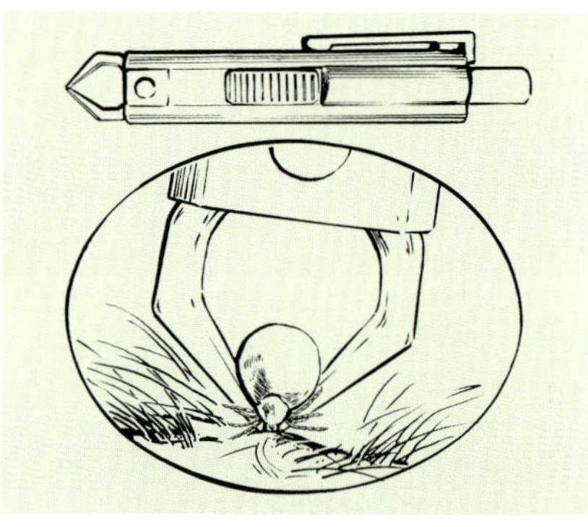

Mit der Zeckenzange kann man die festgesaugte Zecke einfach und sicher entfernen.

Häusern auf. Zecken lassen sich auf den Hund oder auch einen Menschen fallen, wandern dann bevorzugt zu Körperstellen, an denen die Haut dünn ist (Achseln, Bauch), beißen sich in der Haut fest und saugen Blut. Nach einigen Tagen sind sie dick mit Blut gefüllt und fallen ab.
BEHANDLUNG: Die Zecke sollte so bald wie möglich entfernt werden, da sie mit ihrem Speichel verschiedene Infektionskrankheiten wie Borreliose oder Babesiose übertragen kann. Um zu verhindern, daß der Kopf des Parasits abreißt und zu Hautentzündungen führt, benutzt man eine Zeckenzange.

Vorbeugend können Sie Ihren Hund nach einem Waldspaziergang gründlich kämmen und so die Zecken schon vor dem Festsaugen entfernen. In der Hauptsaison der Zeckenplage hilft ein Zeckenhalsband gegen starken Befall.

TIP

Zecken entfernen: Mit der Zeckenzange umgreift man den Kopf der Zecke direkt auf der Haut des Hundes und dreht die Zange um die eigene Achse, bis die Zecke sich leicht abnehmen läßt. Bitte keine Abnahmeversuche mit den Fingern machen und auch nicht Öl oder Alkohol auf die Zecke träufeln. Dies veranlaßt den Parasiten, mehr Speichel abzugeben, und erhöht die Infektionsgefahr für den Hund.

Atmung, Herz, Kreislauf und Blut

Nasenbluten

SYMPTOME: Aus einem oder beiden Nasenlöchern tröpfelt oder fließt Blut. Oft wird dies sehr spät bemerkt, da der Hund das Blut schnell ableckt.
URSACHE: Zum Nasenbluten kommt es meist nach Unfällen, durch Beißereien oder durch Fremdkörper in der Nase, z.B. eine Granne. Die Blutung kann aber auch Symptom einer Allgemeinerkrankung sein, die dann genau abgeklärt werden muß.
BEHANDLUNG: Suchen Sie auf jeden Fall den Tierarzt auf. Halten Sie Ihren Hund so ruhig wie möglich, denn starke Bewegungen und Aufregung verstärken die Blutung. Ein kaltes, feuchtes Tuch, das auf den Nasenrücken gelegt wird, kann die Blutung etwas eindämmen. Ist der Hund bewußtlos, muß er mit dem Kopf leicht abschüssig liegend transportiert werden, um das Einatmen von Blut zu verhindern.

Nasenentzündung

SYMPTOME: Meist ist eine Nasenentzündung durch Ausfluß aus einem oder beiden Nasenlöchern gekennzeichnet. Je nach Ursache und Dauer der Entzündung ist dieser wäßrig, schleimig oder gar zäh-eitrig. Gleichzeitig schwillt die Nasenschleimhaut an und erschwert zusammen mit dem Ausfluß die Atmung. Schniefende, schnarchende Atemgeräusche sind die Folge.
URSACHE: Auslöser der Nasenentzündung ist oft eine Infektion wie Zwingerhusten, Staupe oder eine Pilzinfektion. Die Entzündung kann aber auch Anzeichen einer allergischen Reaktion sein oder durch einen Tumor oder einen Fremdkörper in der Nase verursacht werden.
BEHANDLUNG: Vor Beginn einer Behandlung muß die Ursache durch den Tierarzt genau abgeklärt werden. Dann wird die Grundkrankheit behandelt und Medikamente zur Linderung

der Atembeschwerden eingesetzt. Sie sollten darauf achten, die Nasenöffnungen freizuhalten, indem Sie mit einem feuchten Tuch mehrmals täglich das Sekret wegtupfen.

▸ Husten

Ein gelegentlicher Huster sollte keinen Anlaß zur Sorge geben. Tritt Husten allerdings häufig oder anfallsweise auf, so ist er meist ein Symptom einer Atemwegserkrankung. Sie sollten nicht zögern, Ihren Hund so rasch wie möglich behandeln zu lassen. Eine verschleppte Grundkrankheit wird schnell therapieresistent, und der Husten wird dann chronisch.

SYMPTOME: Trockener, anfallsweiser Reizhusten hört sich »bellend« an. »Feuchter« Husten kann Auswurf produzieren, oder das Sekret wird gleich abgeschluckt.

URSACHE: Der trockene Reizhusten kann Anzeichen für eine Entzündung der oberen Atemwege, eine Zwingerhusten-Infektion, Reizung durch Gase oder Fremdkörper oder eine Allergie sein. Feuchter Husten ist Begleitsymptom z.B. einer Lungenentzündung oder eines Lungenödems.

BEHANDLUNG: Der Tierarzt ermittelt die Grundkrankheit und behandelt diese. Gleichzeitig gibt er Medikamente, die den Husten lindern.

Ihr Hund sollte, solange er hustet, größere Anstrengungen vermeiden. Sie müssen ihn vor Kälte und Zugluft schützen. Hustet der Hund, wenn er an der Leine zieht, können Sie das Halsband durch ein Brustgeschirr ersetzen und so den Druck auf die Luftröhre mindern.

▸ Kehlkopferkrankung

SYMPTOME: Der Hund leidet unter Atemnot. Bei Beteiligung der Stimmbänder führt die Erkrankung zu Heiserkeit bis hin zur Stimmlosigkeit.

URSACHE: Häufig weitet sich eine Entzündung in den oberen Luftwegen auch auf den Kehlkopf aus. Er kann aber auch durch eingeatmeten Staub oder Gase oder durch anhaltendes Bellen gereizt sein.

BEHANDLUNG: Die Ursachen müssen gefunden und abgestellt werden. Im Falle einer Atemwegsinfektion wird auch der Kehlkopf untersucht und behandelt.

▸ Luftröhrenkollaps

SYMPTOME: Meist sind Hunde kleiner Rassen betroffen. Bei Aufregung oder starkem Zug an der Leine bekommt der Hund einen Hustenanfall, der so stark sein kann, daß er zu ersticken droht.

URSACHE: Die feinen Knorpelringe, die das Stützgerüst der Luftröhre bilden, verlieren an Festigkeit und werden zusammengedrückt. Die Neigung zu dieser Erkrankung ist angeboren, oft tritt sie aber jahrelang nicht in Erscheinung.

BEHANDLUNG: In besonders schweren Fällen muß die Erkrankung operativ behoben werden. In leichten Fällen genügt aber schon eine Umstellung vom Halsband auf ein Brustgeschirr und die Beruhigung des Hundes. Achten Sie darauf, daß der Hund sein Normalgewicht hält, um die Atmung nicht zusätzlich zu belasten.

▸ Bronchitis, Lungenentzündung

SYMPTOME: Der Hund atmet angestrengt und schneller als sonst. Er hustet, ist matt und abgeschlagen und hat hohes Fieber.

URSACHE: Eine Infektion der oberen Atemwege mit Viren oder Bakterien

kann sich bis in die Bronchien und ins Lungengewebe ausbreiten.
BEHANDLUNG: Der Tierarzt setzt Medikamente ein, die die Atmung erleichtern, das Abhusten des Schleims ermöglichen und die auslösenden Infektionserreger bekämpfen. Eine Inhalationstherapie kann vom Besitzer zu Hause weitergeführt werden.

▸ Lungenödem

SYMPTOME: Der Hund ist kurzatmig und schnell erschöpft. Typisch ist ein matter, feuchter Husten, besonders nach längeren Ruhephasen.
URSACHE: Im Lungengewebe und in den Lungenbläschen sammelt sich Flüssigkeit an, die die Atmung erschwert und beim Husten nach außen befördert wird. Meist ist eine Herzinsuffizienz oder eine Infektion der Grund für die Lungenstauung.
BEHANDLUNG: Vor allem muß die Grundkrankheit behandelt werden. Zusätzlich setzt der Tierarzt Medikamente zur Entwässerung der Lunge ein.

▸ Tumoren der Lunge

SYMPTOME: Die Atmung ist erschwert, und der Hund ermüdet schnell schon nach geringen Anstrengungen. Er frißt schlecht und magert im Verlauf der Erkrankung stark ab.
URSACHE: Meist siedeln sich in der Lunge Tochtergeschwüre aus Tumoren anderer Organe ab.
BEHANDLUNG: Eine Behandlung lindert nur die Symptome über einen gewissen Zeitraum hinweg, aber eine Heilung ist meist nicht möglich.

▸ Brusthöhlenerguß

SYMPTOME: Der Hund ist kurzatmig, auffallend schwach, und eventuell kommen die Anzeichen einer Blutarmut hinzu.
URSACHE: In der Brusthöhle sammelt sich Flüssigkeit und behindert die Atmung. Es kann sich um Flüssigkeit handeln, die aufgrund einer anderen Erkrankung aus den Blutgefäßen austritt. So staut sich z.B. bei Herzschwäche das Blut in den Körper zurück, die Flüssigkeit kann durch den entstehenden Druck durch die Blutgefäßwände in die Brusthöhle sickern. Tumoren, Nieren- oder Leberkrankheiten kommen als Ursache ebenfalls in Frage.

Auch Blut kann sich nach Unfällen oder Vergiftungen durch Verletzungen der Blutgefäße als Erguß in der Brusthöhle sammeln. Je nach der Menge Blut, die im Kreislauf fehlt, tritt eine Blutarmut ein.
BEHANDLUNG: Der Tierarzt kann durch Punktion der Brusthöhle feststellen, um welche Flüssigkeit es sich handelt, und Maßnahmen ergreifen. Wenn starke Atemnot herrscht, kann er die Flüssigkeit ablassen. Außerdem behandelt er die Grundkrankheit, um die Ursache für den Brusthöhlenerguß abzustellen.

▸ Pneumothorax

»Pneumothorax« bedeutet »Luft in der Brusthöhle«. Dies ist eine ernste Erkrankung, weil im Brustkorb zur normalen Atemtätigkeit normalerweise Unterdruck herrschen muß.
SYMPTOME: Der Hund hat Atemnot, und die Schleimhäute verfärben sich bläulich. In manchen Fällen hört man den Lufteinstrom in den Brustkorb.
URSACHE: Bei tiefer Verletzung der Brustwand, z.B. nach einem Autounfall oder einer Beißerei, dringt Luft in

den Brustkorb ein. Die Lunge kann nicht mehr ausreichend beatmet werden und fällt in sich zusammen.

BEHANDLUNG: Es handelt sich um einen Notfall! Der Hund muß sofort zum Tierarzt gebracht und wahrscheinlich operiert werden. Entdecken Sie eine äußere Verletzung, so drücken Sie diese Lufteintrittsstelle mit einem sauberen Handtuch zu.

Zwerchfellhernie

SYMPTOME: Diese Erkrankung ist durch massive Atemnot und Kreislaufstörungen gekennzeichnet, an denen der Hund plötzlich verenden kann. Besteht eine Hernie länger (eventuell angeboren), kommt es eher zu Verdauungsstörungen wie Erbrechen und Abmagerung.

URSACHE: Die Hernie oder Zwerchfellbruch entsteht meist durch starke Gewalteinwirkung, z.B. bei einem Autounfall. Durch den Riß im Zwerchfell schieben sich Darmteile in die Brusthöhle. Eine angeborene Hernie ist ein Loch im Zwerchfell, durch das sich Darmteile schieben können. Der Hund kann damit eine ganze Weile leben, aber meist kommt es irgendwann zu Funktionsstörungen im Verdauungssystem.

BEHANDLUNG: Durch eine Operation können die Öffnung im Zwerchfell verschlossen und die normalen anatomischen Gegebenheiten wiederhergestellt werden.

Angeborene Herzerkrankungen

SYMPTOME: Oft sterben die Hunde mit angeborenen Herzerkrankungen bereits im frühen Welpenalter, oder sie bleiben im Wachstum stark zurück, sind wenig lebhaft und schnell erschöpft.

URSACHE: In der Embryonalentwicklung nimmt der Blutkreislauf verschiedene Wege, die nach der Geburt verschlossen werden, weil die Lungenatmung einsetzt. Um den Zeitpunkt der Geburt verschließt sich die Öffnung zwischen den Herzkammern und die Verbindung, die den Lungenkreislauf »umgeht«. Wenn diese Verschlüsse ausbleiben, mischt sich sauerstoffreiches mit sauerstoffarmem Blut, und die Gewebe werden nicht optimal versorgt.

BEHANDLUNG: In Einzelfällen ist die Heilung durch eine sehr komplizierte Operation möglich.

Herzschwäche

SYMPTOME: Die Erkrankung tritt vorwiegend bei älteren Hunden auf. Der Besitzer bemerkt neben der geringeren Belastbarkeit seines Hundes vor allem einen trockenen Husten, besonders bei Anstrengung oder Aufregung. Dieser Husten ist so typisch für die Erkrankung, daß er auch »Herzhusten« genannt wird.

URSACHE: Die Verringerung der Herzleistung, oder Herzinsuffizienz, wird durch eine Erkrankung der Herzklappen oder des Herzmuskels hervorgerufen. Die Herzklappen können im Alter degenerieren und schließen dann nicht mehr richtig. Der Herzmuskel kann durch Entzündungen, Vergiftungen oder Allgemeinerkrankungen geschädigt sein und für die Dauerleistung zu schwach werden. Dann ist der Blutkreislauf gestört, es kommt zum Rückstau von Blut in den Körper und zum Austritt von Blutwasser in die Lunge. Dieses Wasser versucht der Hund abzuhusten.

BEHANDLUNG: Durch eine Herztherapie in Verbindung mit entwässernden Medikamenten können die Herzklappen zwar nicht »repariert« werden, doch das Fortschreiten der Erkrankung kann stark verlangsamt werden. Bei Erkrankungen des Herzmuskels muß stets auch die Ursache therapiert werden.

Blutarmut

Die Blutarmut oder Anämie ist meist keine eigenständige Erkrankung, sondern ein Anzeichen für eine andere Krankheit.

SYMPTOME: Die Schleimhäute sind blaß, in Extremfällen sogar weiß oder auch gelblich, der Hund ist schnell erschöpft und lustlos.

URSACHE: Bei Anämie ist die Anzahl der roten Blutkörperchen, die den Sauerstoff im Körper transportieren, vermindert. Dies kann durch eine Verletzung mit starker Blutung bedingt sein, aber auch durch bestimmte Krankheiten, die einen vermehrten Abbau oder aber eine verminderte Bildungsrate der Blutkörperchen bewirken.

BEHANDLUNG: Eine schwere Anämie ist ein Notfall und muß sofort durch eine Bluttransfusion behandelt werden. In leichteren Fällen verabreicht der Tierarzt Medikamente zur Blutbildung, der Hund soll sich schonen und leichte Kost zu fressen bekommen. Stets muß die Grunderkrankung, welche die Anämie ausgelöst hat, therapiert werden.

Leukose

SYMPTOME: Der Hund macht einen kranken, matten Eindruck. Er frißt schlecht und magert ab. Die Lymphknoten sind stark vergrößert, man sieht und fühlt sie am Unterkiefer und in der Kniekehle als dicke Knoten. Wenn auch innere Organe erkrankt sind, kommt es zu Ausfällen des jeweiligen Organs.

URSACHE: Als Leukose bezeichnet man geschwürige Veränderungen der lymphatischen oder blutbildenden Gewebe. Die genaue Ursache der Erkrankung ist noch nicht endgültig geklärt.

Blasse Schleimhäute sind ein Anzeichen für Blutarmut.

BEHANDLUNG: Die Heilung der Erkrankung ist sehr unwahrscheinlich. Es gibt aber Medikamente, die das Fortschreiten der Krankheit wesentlich verlangsamen. Die Therapie ist allerdings langwierig, aufwendig und kostspielig.

▸ Milztumoren

Die Milz liegt als zungenförmiges Organ im Bauchraum in der Nähe des Magens. Sie hat Aufgaben bei der Blutbildung und -speicherung, ist aber kein lebenswichtiges Organ.

SYMPTOME: Wenn der Tumor eine bestimmte Größe erreicht, fällt die Umfangsvergrößerung des Bauches auf. Der Hund ist apathisch und bewegt sich nicht gern. Durch den Druck auf die anderen Organe kann es zu Verdauungs- oder Atembeschwerden kommen.

In manchen Fällen reißt das brüchige Tumorgewebe spontan oder nach abrupten Bewegungen des Hundes ein. Da die Milz und ihre Tumoren sehr gut durchblutet sind, fließen innerhalb kurzer Zeit große Mengen Blut in die Bauchhöhle. Dann kommt es zum Bild des Kreislaufkollapses und der Blutarmut, der Hund kann innerlich verbluten.

URSACHE: Milztumoren können im Zusammenhang mit der Leukose, aber auch eigenständig entstehen. Gutartige Tumoren bleiben oft lange komplikationslos, bösartige bilden Tochtergeschwüre in der Leber oder der Lunge.

BEHANDLUNG: Bei Zerreißen ist eine sofortige Notoperation angezeigt! In den übrigen Fällen sollte die Milz nach der Diagnose möglichst bald entfernt werden.

Zahnerkrankungen

▸ Überzählige Zähne

Der Zahnwechsel erfolgt im Alter von 3 bis 7 Monaten und verläuft meist problemlos. Man sollte aber in regelmäßigen Abständen kontrollieren, ob alle Zähne gewechselt werden und der Hund ein schönes bleibendes Gebiß bekommt.

SYMPTOME: Manchmal fällt auf, daß ein Zahn zweimal vorhanden ist. Meistens sind die Eckzähne im Oberkiefer betroffen, oft auch die Schneidezähne. Besonders häufig tritt die Erkrankung bei Klein- und Zwerghunderassen auf.

URSACHE: Es handelt sich meist um Milchzähne, die im Zahnwechsel vom darunterliegenden bleibenden Zahn nicht hinausgeschoben werden. Der Ersatzzahn wächst am Milchzahn vorbei, und es kommt zu Gebißfehlstellungen.

BEHANDLUNG: Besonders die Eckzähne haben lange Wurzeln und sitzen sehr fest im Kiefer. Sie werden vom Tierarzt gezogen; der Hund muß hierzu in Narkose gelegt werden.

▸ Fehlstellungen der Zähne

SYMPTOME: Vorbeißer nennt man ein Gebiß, in dem der Unterkiefer zu lang ist; beim Hinterbeißer ist der Unterkiefer kürzer als der Oberkiefer. Es kommt auch vor, daß die Eckzähne zu eng stehen und das Zahnfleisch im Gegenkiefer verletzen.

URSACHE: Es handelt sich oft um eine angeborene Abweichung von der normalen Zahnstellung.

BEHANDLUNG: Solange der Hund keine Beschwerden hat, ist eine Behandlung nicht notwendig. In einigen Fällen besteht die Möglichkeit, eine Zahnspange einzusetzen. Diese wird an den Zähnen einzementiert und mit einer Schraube in bestimmten Zeitabständen weiter gestellt. Die Zahnkorrektur sollte im Alter von 7 bis 10 Monaten durchgeführt werden.

▶ Zahnstein

SYMPTOME: Der Hund riecht unangenehm aus dem Mund. Bei der Untersuchung der Maulhöhle sieht man dann gelbe oder dunkle Beläge auf den Zähnen. Im Anfangsstadium befinden sie sich entlang des Zahnfleisches, in fortgeschrittenen Fällen bedecken sie als dicke Kruste die gesamte Seitenfläche des Zahns.

URSACHE: Durch Ablagerungen von Mineralien kommt es bei sehr vielen älteren Hunden zur Zahnsteinbildung. In den Ablagerungen siedeln sich Bakterien an, die zu Zahnfleischentzündung und Lockerung der Zähne führen können. Das entzündete Zahnfleisch verursacht auch den unangenehmen Mundgeruch.

BEHANDLUNG: Die beste Vorbeuge ist das regelmäßige Zähneputzen, an das der Hund schon als Welpe gewöhnt werden sollte. Hat sich erst Zahnstein gebildet, so muß er vom Tierarzt entfernt werden. Dazu bekommt der Hund eine leichte Narkose, die Zähne werden gründlich mit einem Ultraschallgerät gereinigt, und lockere Zähne werden gezogen.

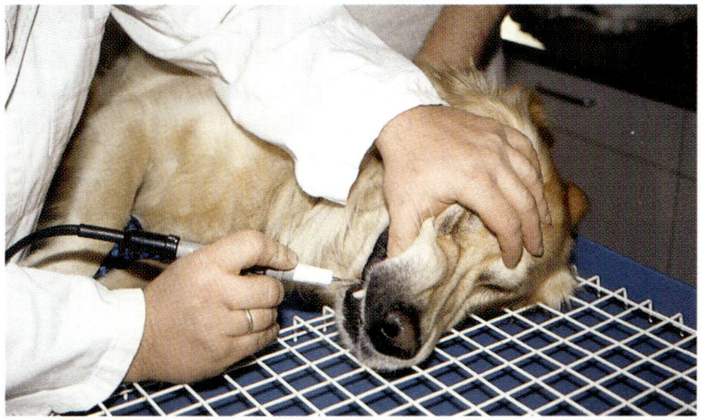

Zum Entfernen von Zahnstein müssen die meisten Hunde eine leichte Narkose bekommen.

▶ Zahnfistel

SYMPTOME: Dem Besitzer fällt eine warme Schwellung unter dem Auge auf. Schließlich bricht die Schwellung auf,

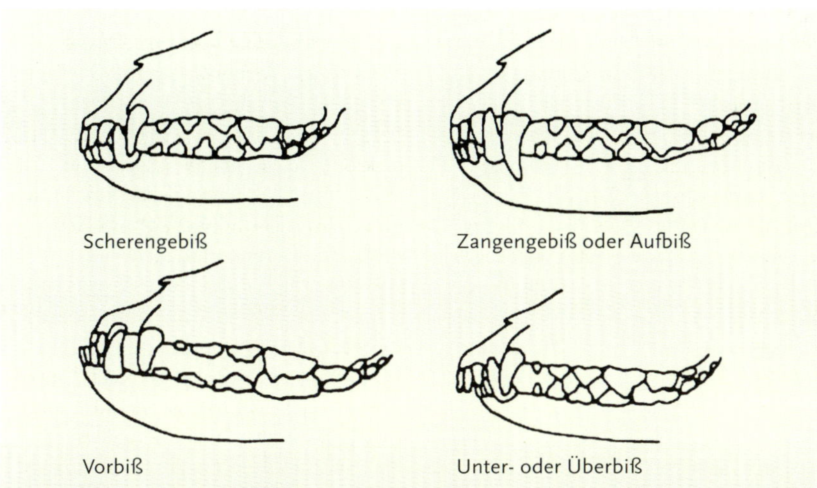

Nur das Scherengebiß ist korrekt. Der Zangen- oder Aufbiß, der Vorbiß und der Unter- oder Überbiß sind fehlerhaft.

und Eiter entleert sich. Verfolgt man die Krankengeschichte zurück, so erinnert man sich meist, daß der Hund seit längerem Schwierigkeiten und Schmerzen beim Kauen hat.

URSACHE: Eine Zahnwurzelentzündung im Oberkiefer eitert, und der Eiter sucht sich einen Abfluß. Entweder läuft er in die Maulhöhle, oder aber er nimmt den anderen Weg, greift den Knochen an und bahnt sich einen Kanal nach außen.

BEHANDLUNG: Der entzündete Zahn muß in den meisten Fällen gezogen werden, und bis zum Abklingen der Eiterung erhält der Hund Antibiotikumtabletten. Die Wunde unter dem Auge sollten Sie mehrmals täglich säubern und so offenhalten. Der Eiter kann dann ablaufen und sich nicht erneut an einer anderen Stelle sammeln.

▸ Zahnfleischwucherungen

SYMPTOME: Diese Wucherungen im Maul bilden sich besonders um die Zähne herum. Häufig entzünden sie sich, dadurch entsteht ein übler Mundgeruch. Wenn die Geschwüre in die Tiefe ziehen, zerstören sie den Knochen und lockern die Zähne. Der Hund kann dann schlecht fressen und speichelt stark.

URSACHE: Die Entstehung der Tumoren ist nicht geklärt.

BEHANDLUNG: Der Tierarzt fertigt ein Röntgenbild an, um zu sehen, ob der Knochen schon in Mitleidenschaft gezogen ist. Eine Gewebeentnahme gibt Aufschluß darüber, ob die Geschwüre gut- oder bösartiger Natur sind. Danach kann man entscheiden, ob ein chirurgisches Entfernen der Wucherungen machbar und sinnvoll ist.

Verdauungsorgane

▸ Gaumenspalte

SYMPTOME: Wenn der Welpe trinkt, läuft Milch aus der Nase wieder heraus. Beim Einatmen kann Flüssigkeit in die Lunge gelangen und dort eine schwere Entzündung verursachen.

URSACHE: Es handelt sich um eine angeborene Mißbildung.

BEHANDLUNG: Die Operation der Gaumenspalte ist in einigen Fällen möglich, ihr Sinn sollte aber gründlich überdacht werden. Auf keinen Fall darf mit Hunden, die mit einer Gaumenspalte zur Welt kamen, gezüchtet werden, denn die Veranlagung zu dieser Mißbildung wird weitervererbt.

▸ Mandelentzündung

SYMPTOME: Oft verläuft die Mandelentzündung mit Fieber. Der Hund hat Schluckbeschwerden und speichelt stark. Die vergrößerten Mandeln treten aus ihren Taschen und sind beim Betrachten der Maulhöhle tief im Rachen zu sehen.

URSACHE: Viren oder Bakterien gelangen durch Maul oder Nase in den Rachen und treffen auf die Mandeln. Entweder kann die Infektion dort durch die körpereigene Abwehr besiegt werden, oder es kommt zur Entzündung der Mandeln.

BEHANDLUNG: Der Hund muß geschont und warm gehalten werden. Ein Wollschal um den Hals unterstützt die Heilung. Füttern Sie breiiges und lauwarmes Futter, dieses kann der Hund, der Halsschmerzen hat, besser abschlucken.

Hält die Erkrankung länger als einige Tage an, hat der Hund hohes Fieber oder starke Schmerzen, sollte der Tierarzt konsultiert werden. Bei chronischer oder immer wieder auftretender Mandelentzündung können die Mandeln herausgenommen werden.

Fremdkörper in der Maulhöhle

SYMPTOME: Der Hund speichelt und wischt sich mit den Pfoten entlang des Mauls. Er kann kein festes Futter aufnehmen, und auch das Trinken fällt ihm schwer.

URSACHE: Beim »Stöckchenholen« kann es passieren, daß der Stock sich längs ins Maul spießt und den Rachen verletzt. Auch Angelhaken, Nadeln oder andere Metallteile können sich in die Maulschleimhaut spießen, ebenso können sich Schnüre um die Zunge wickeln und diese abbinden.

BEHANDLUNG: Versuchen Sie vorsichtig, den Fremdkörper zu entfernen. Wenn das nicht gelingt oder der Hund sich stark wehrt, sollten Sie ihn sofort zum Tierarzt bringen. Eventuell ist die Entfernung nach der Gabe eines Beruhigungsmittels einfacher. Wenn der Fremdkörper nicht bemerkt oder nicht entfernt wird, kommt es durch Eindringen von Bakterien zu Eiterungen und Gewebszerfall. Die operative Entfernung des Fremdkörpers ist oft sehr schwierig, und im Anschluß an die Operation muß der Hund strikte Diät mit breiiger Nahrung nach Anweisung des Tierarztes erhalten.

Fremdkörper in der Speiseröhre

SYMPTOME: Der Hund ist unruhig, speichelt und würgt. Er kann kein Futter mehr abschlucken. Wasser kann eventuell, je nach Lage des Fremdkörpers, an ihm vorbei in den Magen laufen.

URSACHE: Die Speiseröhre hat Engstellen hinter dem Kehlkopf, über dem Herzen und an der Durchtrittsstelle am

So schön das Spielen mit dem Stöckchen ist – manchmal werden Teile davon verschluckt und blockieren Magen und Darm.

Zwerchfell. Wenn Hunde hastig fressen und dabei große Futterstücke nicht richtig kauen oder beim Spielen versehentlich Stöcke oder Bälle abschlucken, können diese als Fremdkörper an den Engpässen in der Speiseröhre steckenbleiben. Ebenso werden häufig Knochenstücke oder Angelhaken mit Köder zum Verhängnis.

BEHANDLUNG: Bringen Sie den Hund zum Tierarzt. Er wird diagnostizieren, wo der Fremdkörper genau sitzt. Dann kann er ihn entweder nach außen ziehen, mit einer Sonde in den Magen schieben oder operativ entfernen.

Erbrechen

Das gelegentliche Erbrechen ist beim Hund nicht unbedingt als Krankheitsanzeichen zu werten. Vor allem junge Hunde und solche, die sehr hastig fressen, übergeben sich ab und an. Manche Hunde erbrechen bei besonders starker Aufregung, und säugende Hündinnen würgen manchmal angedautes Futter für die Welpen aus. Dennoch sollten Sie jedem Erbrechen Aufmerksamkeit schenken, da es auch Symptom für ernste Erkrankungen sein kann. Im Zweifelsfall fragen Sie lieber einmal mehr Ihren Tierarzt um Rat. Sie sollten eine Probe des Erbrochenen mitbringen. Ihr Tierarzt kann daraus oft schon Rückschlüsse auf den Sitz der Erkrankung ziehen. Sofortige Behandlung ist notwendig, wenn Blut erbrochen wird oder der Hund neben dem Erbrechen auch in seinem Allgemeinbefinden gestört ist.

SYMPTOME: Zuerst ist der Hund unruhig, leckt sich die Schnauze und speichelt, dann beginnt er zu würgen und erbricht Mageninhalt oder Schleim.

URSACHE: Erbrechen kann bei den verschiedensten Magen-Darm-Erkrankungen auftreten, wie z.B. Magenschleimhaut- oder Darminfektionen, verschluckte Fremdkörper oder bei Darmverschlingung. Doch als Grundkrankheit kommen auch starke Schmerzen, Gehirnerschütterung oder Nierenversagen in Frage.

BEHANDLUNG: Die Ursache des Erbrechens muß erforscht und behandelt werden. Der Hund sollte einen Tag lang fasten. Beobachten Sie genau, ob er weiterhin erbricht und ob er Kot absetzt. Wasser muß immer zur Verfügung stehen, denn durch das Erbrechen verliert der Körper sehr viel Flüssigkeit. Zum Elektrolytausgleich können Sie dem Wasser eine Prise Salz und etwas Traubenzucker zufügen.

▸ Magenschleimhautentzündung

SYMPTOME: Erbrechen von eingespeicheltem Futter kurz nach der Nahrungsaufnahme deutet auf eine Magenschleimhautentzündung hin. Der Hund ist rasch entkräftet und matt.

URSACHE: Verdorbenes Futter oder Giftstoffe wie Putz- oder Pflanzenschutzmittel schädigen die Magenschleimhaut. Ebenso können eine Virus- oder Bakterieninfektion oder bestimmte Medikamente die Ursache ein. Außerdem tritt die Erkrankung als Folge vieler anderer Organkrankheiten wie Leberleiden oder Nierenversagen auf.

BEHANDLUNG: Für 24 Stunden wird dem Hund das Futter entzogen. Er bekommt je nach Stärke des Erbrechens nur kleine Schlucke Wasser zu trinken. Der Tierarzt versucht, die Ursache zu finden, und behandelt sie. Bis zur Abheilung der geschädigten Schleimhaut bekommt der Hund Magenschonkost zu fressen.

Magenschonkost

- Kleine Mengen Futter, mehrmals täglich
- Futter fein zerkleinern (pürieren), erleichtert die Verdauungsarbeit
- Nebenbei keine Leckereien, auch keine Hundekuchen
- Magensäureproduktion nicht unnötig anregen (kein rohes Obst, rohes Gemüse, Gewürze)
- Kein Fett geben, denn es hemmt die Magenentleerung
- Eiweißmenge (Fleisch) gering halten, langsam steigern
- Babykost aus Gläschen ideal (besonders für kleine und mittelgroße Hunde)

▸ Magengeschwür

SYMPTOME: Es gibt keine eindeutigen Symptome, die auf ein Magengeschwür hinweisen. Möglich sind Erbrechen, eventuell mit Blut, Bauchschmerzen nach dem Fressen, auch blutiger oder schwarzer Kot.

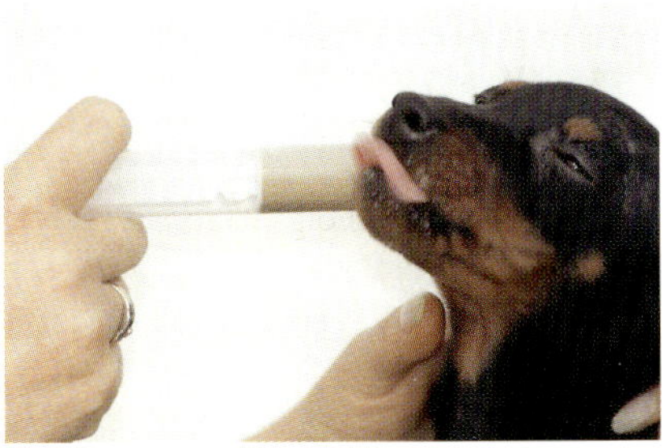

Babynahrung ist als Schonkost gut geeignet.

URSACHE: Streß, Schock und bestimmte Arzneimittel können Magengeschwüre verursachen. Die Magenschleimhaut wird an einigen Stellen angegriffen, entzündet sich und regeneriert nicht wieder. Durch die Salzsäure im Magen wird das Gewebe noch weiter geschädigt. Es kann vorkommen, daß die Magenwand durchbricht und der Futterbrei in die Bauchhöhle läuft: eine lebensgefährliche Situation für den Hund!

BEHANDLUNG: Der Tierarzt setzt Medikamente zum Schutz der geschädigten Schleimhaut ein und verordnet dem Hund Magenschonkost. Bei schweren Blutungen und Magendurchbruch kann nur eine sofortige Operation dem Hund das Leben retten.

▸ Magendrehung

Die Magendrehung ist eine der häufigsten Todesursachen bei Hunden großer Rassen, aber sie tritt gelegentlich auch bei kleineren Hunden auf.

SYMPTOME: Die Erkrankung beginnt, wenn der Hund viel gefressen hat und im Anschluß an die Mahlzeit springt oder sich wälzt. Dann wird er unruhig, speichelt, würgt und versucht erfolglos zu erbrechen. Man bemerkt, daß der Bauch aufgast, dadurch wird die Atmung behindert bis hin zur Atemnot. Wird der Hund nicht behandelt, folgt ein Kreislaufkollaps und anschließend der Tod.

URSACHE: Beim Hund ist der Magen im Körper an einem relativ langen und lockeren Band aufgehängt. Ist er stark gefüllt, so kann er durch sein Gewicht keine heftigen Bewegungen mitmachen. Wenn der Hund sich nun ruckartig bewegt, verharrt der Magen in seiner Lage. Dabei kann es passieren, daß er sich um seine Längsachse dreht und dadurch Magenein- und -ausgang abgedreht werden. Der Futterbrei kann nicht mehr weiterbefördert werden und gärt im Magen. Auch das dabei entstehende Gas kann nicht entweichen und läßt den Magen riesig aufblähen. Das Organ liegt wie ein großer Ballon im Bauch, drückt nach vorn auf das Zwerchfell und behindert so die Atmung. Zusätzlich versagt durch den Druck auf die Blutgefäße allmählich der Kreislauf.

BEHANDLUNG: Wenn Sie eine Magendrehung vermuten, müssen Sie den Hund sofort zum Tierarzt bringen. Es handelt sich um einen Notfall, bei dem Minuten über Leben und Tod entscheiden können. Der Tierarzt punktiert mit einer Kanüle den Magen, um dem Hund sofort eine gewisse Erleichterung zu verschaffen. Dann folgt die Operation, bei der der Magen entleert und in seine richtige Lage zurückgebracht wird.

Um einer Magendrehung vorzubeugen, sollte man großen Hunden generell zweimal täglich die halbe Tagesration füttern und nach den Mahlzeiten Ruhepausen zur Verdauung einlegen.

▸ Durchfall, Darmentzündung

Durchfall ist weniger eine Krankheit als ein Krankheitssymptom, das viele Ursachen haben kann. Dem Körper gehen bei länger andauerndem Durchfall große Flüssigkeitsmengen und lebenswichtige Mineralstoffe verloren. Besonders bei Welpen sollte jede Durchfallerkrankung ernst genommen werden, da der unausgereifte Organismus noch nicht in der Lage ist, der Erkrankung gegenzusteuern, und der kleine Körper rasch austrocknet.

SYMPTOME: Der Kot des Hundes ist in seiner Konsistenz breiig bis wäßrig, oft ist er farblich verändert, kann Schleim- oder Blutbeimengungen haben und stinkt ekelerregend. Der Appetit des Hundes kann erhalten sein oder stark zurückgehen. Man sollte auf jeden Fall auch Fieber messen, da eine erhöhte Körpertemperatur Hinweise auf die Erkrankungsursache, z.B. Infektionen, geben kann.

URSACHE: Futterumstellungen oder -unverträglichkeiten können Durchfall verursachen. Durchfall tritt meist auf bei Bakterien- oder Virusinfektionen des Darmes, starkem Wurmbefall, ebenso bei vielen Vergiftungen. Durchfall kann einen Hinweis geben auf bestimmte Organerkrankungen wie Leber-, Bauchspeicheldrüse- sowie auf Stoffwechselerkrankungen.

BEHANDLUNG: Auf keinen Fall darf bei Durchfall die Wasseraufnahme eingeschränkt werden, der Darm entzieht sonst dem Körper Flüssigkeit, es besteht die Gefahr des Austrocknens! Im Gegenteil! Der Durchfallpatient muß sogar besonders viel trinken, am besten öfters am Tag kleine Mengen Wasser. Das Wasser sollte Zimmertemperatur haben und einen halben Teelöffel Kochsalz und 3 Eßlöffel Traubenzucker pro Liter enthalten. Bei leichtem und einmalig auftretendem Durchfall ohne Fieber und Störung des Allgemeinzustands reicht es aus, den Hund ein bis zwei Mahlzeiten hungern zu lassen und ihm anschließend für ein bis zwei Tage Durchfalldiät zu füttern. Hat er aber Fieber oder ist der Durchfall wäßrig, blutig oder mit Schleim vermengt und hält länger als einen Tag an, gehört der Hund in tierärztliche Behandlung.
Bis zur Klärung der Ursache ist eine symptomatische Behandlung notwendig: Der Hund erhält je nach Schwere der Erkrankung Infusionen, Medikamente, die die Darmkrämpfe lindern, und eventuell entzündungshemmende Substanzen.

Durchfalldiät

- Nahrungsentzug für einen Tag; immer Flüssigkeit zuführen, erst löffelweise, körperwarm, Menge langsam steigern
- Anfangs nur kleinste Mengen Nahrung, mehrmals täglich
- Reisschleim mit püriertem gekochtem Geflügel oder Magerquark (Verhältnis 3:1), eine Prise Salz
- Zusatz: roher, geriebener Apfel mit Schale, etwas Kleie, wirkt stopfend
- Absolut tabu: Milch, rohes Ei, rohe Innereien, fettes Fleisch

▸ Verstopfung

SYMPTOME: Der Hund versucht Kot abzusetzen, doch außer kleinen Mengen Schleim und eventuell Blut bleiben diese Versuche erfolglos. Dauert der Zustand länger an, wird der Hund teilnahmslos, verliert den Appetit und erbricht. Der Bauch kann hart oder aufgetrieben sein.

URSACHE: Große Mengen unverdau-

lichen Futters (z.B. Knochen), Darmlähmungen, Fremdkörper oder andere Erkrankungen führen zur Verstopfung.
BEHANDLUNG: Durch Gabe von milden Abführmitteln oder Anwenden eines Klistiers können frische und leichtere Verstopfungsfälle gelöst werden. In schwereren Fällen braucht der Hund Infusionen, da Kreislaufversagen droht. Die Grunderkrankung muß erkannt und behandelt werden.

Wenn Ihr Hund zu Verstopfung neigt, sollten Sie das Futter immer leicht suppig verabreichen und 1/2 bis 1 Eßlöffel Kleie pro 100 g Futter zufügen. Verschaffen Sie dem Hund ausreichend Bewegung, auch das regt die Verdauung an.

▸ Darmverschluß, Fremdkörper

SYMPTOME: Der Hund hat keinen Appetit oder erbricht das Futter schon bald nach der Aufnahme. Eventuell jault er bei bestimmten Bewegungen oder beim Betasten des Bauches auf und schaut sich nach dem Bauch um. Er setzt keinen Kot mehr ab oder nur kleine, zähpappige Portionen. Wird der Zustand übersehen oder nicht ernst genommen, kommt es bald zur Austrocknung des Körpers und Vergiftungserscheinungen mit schmutzig-verwaschenen Schleimhäuten und Kreislaufversagen.
URSACHE: In den meisten Fällen verursacht ein Fremdkörper den Darmverschluß. Besonders Welpen und Junghunde sind betroffen. Hier kommt alles in Frage, womit der Hund spielt und was er verschlucken kann. Immer wieder verursachen aber auch Knochen, die verfüttert werden, einen Darmverschluß. Auch bei starkem und lang andauerndem Durchfall kann es zur Darmeinstülpung oder zur Darmverschlingung kommen. Durch den Druck kommt es zum Gewebezerfall und Absterben der betroffenen Darmteile.
BEHANDLUNG: Es handelt sich stets um eine lebensbedrohliche Erkrankung, die schleunigst behandelt werden muß. In einigen Fällen und bei noch wenig gestörtem Allgemeinbefinden gelingt es, durch Füttern von Sauerkraut und entkrampfenden Medikamenten einen Fremdkörper auf natürlichem Wege nach draußen zu befördern, aber oft ist eine Operation unumgänglich. Dabei wird der Darm über dem Fremdkörper aufgeschnitten und der Verschluß beseitigt.

Sauerkraut hilft, einen verschluckten Fremdkörper auf natürlichem Wege nach draußen zu befördern.

▸ Eingeweidebruch

SYMPTOME: An der Bruchstelle stülpt sich die Haut sackartig vor. Beim vorsichtigen Betasten fühlt sich der Inhalt des Bruchsacks weich an und läßt sich eventuell in die Bauchhöhle zurückschieben. In anderen Fällen ist der Inhalt der Ausstülpung hart, und das Betasten verursacht große Schmerzen.

Bei älteren Rüden entsteht solch eine Aussackung nicht selten am Damm. Sie verursacht dann Beschwerden beim Kotabsatz.

URSACHE: Als Bruch oder Hernie bezeichnet man das Vortreten von Bauchorganen durch einen Spalt in der Bauchdecke. Den Spalt nennt man Bruchpforte. Es gibt angeborene Brüche, z.B. am Nabel, an der Leiste, am Hodensack oder am Damm. Erworbene Brüche entstehen bei Unfällen durch Risse in der Bauchmuskulatur.

BEHANDLUNG: Als Faustregel gilt: Solange sich der Inhalt des Bruchsackes leicht durch die Bruchpforte in den Bauchraum schieben läßt, besteht keine akute Gefahr. Stellen Sie den Patienten dem Tierarzt vor, er kann Sie beraten, ob eine Operation notwendig ist.

Wenn aber der Inhalt des Bruchsackes unverschieblich ist oder das Berühren dem Hund weh tut, besteht höchste Eile! Dann haben sich Eingeweideteile, meist Darm, in der Bruchpforte eingeklemmt, und es kommt zu Schwierigkeiten bei der Durchblutung und Organfunktion. Rasche tierärztliche Hilfe ist notwendig!

»Schlittenfahren« ist meist ein Zeichen für verstopfte Analdrüsen.

Tiere, die an einem Eingeweidebruch erkrankt waren, sollte man von der Zucht ausschließen, denn die Veranlagung zum angeborenen Bruch vererbt sich weiter.

▸ Krankheiten der Analbeutel

SYMPTOME: Der Hund rutscht mit dem Po über den Teppich (»Schlittenfahren«) oder leckt und beißt sich auffallend oft am After. Dabei entströmt ein sehr penetranter Geruch.

URSACHE: Die Analdrüsen können verstopfen und dabei ein unangenehmes Gefühl verursachen, das der Hund durch Rutschen oder Lecken zu beseitigen versucht. Wenn das Sekret verdickt und keinen Abfluß mehr findet, können sich die Analbeutel entzünden, eitern und nach außen aufbrechen.

BEHANDLUNG: Hat Ihr Hund Probleme mit verstopften Analbeuteln, so kann der Tierarzt diese ausdrücken. Eventuell wird er Ihnen zeigen, wie man dabei vorgeht, und Sie können die Drüsen bei Bedarf selbst entleeren. Sind die Analbeutel entzündet oder vereitert, so ist eine Behandlung mit Spülungen und Wundtoilette notwendig. Sind die Drüsen chronisch verstopft oder entzündet, so ist als letzte Möglichkeit ihre operative Entfernung möglich.

▸ Einzeller

SYMPTOME: Wäßriger Durchfall, oft mit Schleim- oder Blutbeimengungen, kennzeichnet den Befall mit einzelligen Dünndarmparasiten.

URSACHE: Aus Urlaubsreisen in südliche Länder besteht die Gefahr der Einschleppung einer Giardia-Infektion. Sie kann auch auf Menschen übergreifen.

In überbelegten Zwingern herrscht starker Infektionsdruck durch Kokzidien. Welpen und Junghunde sind dabei am ehesten betroffen.

Beide Parasiten kann der Tierarzt in einer Kotprobe nachweisen.

BEHANDLUNG: Wenn der Nachweis der Parasiten gesichert ist, verschreibt der Tierarzt Medikamente, die dem Hund einige Tage lang eingegeben werden müssen und die Krankheitserreger dann sicher abtöten.

▸ Verwurmung

SYMPTOME: Starker Befall mit Magen-Darm-Würmern verursacht Durchfall und Abmagerung bei gleichbleibendem Appetit. Besonders schlimm wirkt sich der Wurmbefall auf Welpen aus. Sie sind mager, haben einen dicken »Wurmbauch« und bleiben im Wachstum zurück. Das Fell wird stumpf und struppig, Blutarmut kann hinzukommen.

URSACHE: Die am häufigsten gefundene Wurmart ist der Spulwurm (Toxocara). Seine Larve durchwandert verschiedene Körpergewebe, unter anderem auch die Lunge, so daß neben den Darmsymptomen auch Atembeschwerden auftreten können. Bei trächtigen Hündinnen wandern die Larven ins Gesäuge und werden von den Welpen mit der Milch aufgenommen. Außerdem werden die Wurmeier über den Kot ausgeschieden, über den sich dann andere Hunde anstecken. Auch Menschen, vor allem Kinder, sind für eine Spulwurm-Infektion empfänglich.

Die Infektion mit Hakenwürmern findet über das Maul, durch die Haut oder bei Welpen über die Muttermilch statt. Die Würmer saugen Blut im Darm und verursachen neben Durchfall auch Blutarmut.

Der Peitschenwurm kommt eher in Haltungen vor, wo viele Hunde dicht beieinander leben, z.B. in großen Händlerbeständen.

BEHANDLUNG: Die beste Vorbeuge ist das regelmäßige Entwurmen des Hundes mit Medikamenten, die nach Absprache mit dem Tierarzt eingesetzt werden.

▸ Bandwürmer

SYMPTOME: Im allgemeinen verursacht leichter Bandwurmbefall bei Hunden keine Krankheitssymptome. Allerdings können einige Arten beim Menschen schwere Erkrankungen hervorrufen und müssen deshalb bekämpft werden. Man erkennt die Infektion an den reiskorngroßen Bandwurmgliedern, die auf dem Kot, um den After des Hundes oder auf seinen Liegeplätzen gefunden werden.

URSACHE: Der häufigste Bandwurm beim Hund heißt Dipylidium caninum. Er wird von Flöhen übertragen. Wenn der Hund einen Floh zerbeißt, nimmt er den Bandwurm mit auf.

Gefährlich für den Menschen sind der Hundebandwurm Echinoccocus granulosus und der Fuchsbandwurm Echinoccocus multilocularis. Der Hund scheidet die Bandwurmglieder aus, die sehr widerstandsfähige Eier enthalten. Der Mensch kann sich durch Verzehr von Beeren oder Kräutern infizieren, an denen die Eier haften. Beim Menschen können sich dann Zysten in Leber, Lunge oder Gehirn bilden.

BEHANDLUNG: Gegen Bandwürmer sind nur ganz bestimmte Medikamente wirksam. Sie müssen streng nach Anweisung des Tierarztes verabreicht werden, um sicher zu wirken. Es gibt auch die Möglichkeit, den Hund vom Tierarzt durch eine Spritze von Bandwürmern befreien zu lassen.

Lebererkrankungen

Die Leber ist das zentrale Stoffwechselorgan im Körper und wird daher bei vielen Erkrankungen in Mitleidenschaft gezogen. Sie ist andererseits sehr regenerationsfähig, so daß es erst zu Ausfällen kommt, wenn ein Großteil des Organs bereits erkrankt ist.

SYMPTOME: Zunächst sind die Symptome einer Lebererkrankung recht unspezifisch. Der Hund ist abgeschlagen, frißt schlecht und hat eventuell Fieber. Bei schweren Leberschäden stellt sich auch Gelbsucht (Ikterus) ein. Die Schleimhäute und vor allem die Sklera (die Lederhaut des Auges) sind dabei gelb verfärbt.

Bei einer frischen Erkrankung ist die Leber meist vergrößert und druckempfindlich (Entzündung, Leberverfettung). Im chronischen Krankheitsstadium wird sie stark von Bindegewebe durchsetzt, die Schmerzhaftigkeit läßt nach. Die Leber wird kleiner als im gesunden Zustand und verliert ihre Fähigkeit zur Regeneration (Leberzirrhose).

URSACHE: Es kommen Infektionen mit Viren, Bakterien oder Parasiten in Frage. Vergiftungen, lang andauernder Einsatz von Medikamenten und chronische Stoffwechselerkrankungen können ebenfalls Ursache sein.

BEHANDLUNG: Wichtig ist die Behandlung der Grunderkrankung, oft ist jedoch ihre exakte Bestimmung sehr schwierig. So erfolgt die Behandlung zunächst symptomatisch. Alle Faktoren, die die Leber belasten, müssen ausgeschaltet werden. Alle Medikamente, die nicht unbedingt erforderlich sind, sollten deshalb abgesetzt werden. Der Hund braucht viel Ruhe, soll reichlich trinken und bekommt eine besondere Diät mit Vitaminzusatz.

Diät bei Lebererkrankungen

- Nahrungseiweiß: Menge reduzieren, dafür leichtverdaulich (Magerquark, Hüttenkäse)
- Kalorienbedarf über Kohlenhydrate decken (z.B. 3 Teile Reis, 1 Teil Quark)
- Fette reduzieren
- Multivitaminpräparat mit Vitamin K zufüttern (beim Tierarzt erhältlich)

Bauchwassersucht

SYMPTOME: Der Bauch des Hundes wird immer dicker und entwickelt einen birnenförmigen Querschnitt. Beim Betasten spürt man, daß sich Flüssigkeit im Bauch befindet.

URSACHE: Eine Leberstauung, chronische Lebererkrankungen und Herzinsuffizienzen können bewirken, daß Blutflüssigkeit aus den großen Blutgefäßen in den Bauchraum austritt.

BEHANDLUNG: Grundsätzlich sind die Chancen, eine Bauchwassersucht vollständig zu heilen, recht gering. Auch hier muß die Grundkrankheit erkannt und behandelt werden. Außerdem erhält der Hund Medikamente zur Kreislaufunterstützung, zur Entwässerung und als Nahrung spezielle Schonkost.

Bauchfellentzündung

SYMPTOME: Der Bauch wird aufgezogen und ist beim Betasten hart und schmerzempfindlich. Der Hund bewegt sich ungern, er hat keinen Appetit und bekommt sehr schnell hohes Fieber. Bald machen sich Schocksymptome wie schnelle Atmung, beschleunigte Herztätigkeit und Unterkühlung bemerkbar. Die Erkrankung endet nicht selten mit dem Tode des Patienten.

URSACHE: Eine Bauchfellentzündung entwickelt sich, wenn Keime in den sterilen Bauchraum eindringen. Dies kann nach Verletzungen der Bauchdecke oder beim Zerreißen von Magen, Darm oder Ge-bärmutter (z.B. bei eitriger Gebärmutterentzündung) passieren. Im günstigsten Fall beschränkt sich die Entzündung auf eine kleinere Stelle und heilt aus. In vielen Fällen aber ist der gesamte Bauchraum betroffen, und es kommt zu schwersten Krankheitssymptomen.

BEHANDLUNG: Eine Bauchfellentzündung ist immer lebensbedrohlich. Nur wenn die Erkrankung rechtzeitig erkannt und intensiv behandelt wird, hat der Hund Chancen auf Genesung. Der Tierarzt gibt Infusionen zur Kreislaufunterstützung, setzt Antibiotika ein, um die Bakterien abzutöten, und behandelt die Ursache, durch die die Bauchfellentzündung entstanden ist.

▸ Unterfunktion der Bauchspeicheldrüse

SYMPTOME: Der Hund hat Heißhunger und magert dennoch ab. Häufig leidet er unter Bauchschmerzen und Blähungen. Er setzt lehmfarbenen, breiigen, voluminösen Kot ab, der sehr unangenehm riecht und fettig glänzt.

URSACHE: Die Bauchspeicheldrüse produziert nicht genügend Verdauungsenzyme, so daß die Nahrung teilweise unverdaut ausgeschieden wird. Bei einigen Rassen kann diese Krankheit angeboren sein, aber sie kann auch im Anschluß an eine nicht ausgeheilte Entzündung des Organs entstehen.

BEHANDLUNG: Es gibt Medikamente, die dem Futter zugesetzt werden und die Verdauungsenzyme ersetzen. Der Hund muß Diät halten aus leichtverdaulichem Futter, das mit Vitaminen angereichert wird.

Diät bei Unterfunktion der Bauchspeicheldrüse

- viel leichtverdauliches Eiweiß (Magerquark, mageres Muskelfleisch)
- mäßig Kohlenhydrate (Reis, trockenes Brot)
- wenig Fett (10–15%) (Eigelb, Diätspeiseöl)
- Vitaminzusatz
- Tagesfuttermenge um 20% erhöhen, mehrere kleine Mahlzeiten

Harnorgane

▸ Akutes Nierenversagen

SYMPTOME: Die Harnproduktion ist vermindert, und der Hund setzt nur kleine Mengen Urin ab. Er zeigt dabei Schmerzen. Fieber und blutiger Urin können als Anzeichen dazukommen, ebenso Erbrechen oder Blutarmut.

URSACHEN: Die Nieren werden aufgrund einer Entzündung, Vergiftung oder anderer Ursachen schlechter durchblutet. Dadurch können sie ihre Aufgabe, die Ausscheidung harnpflichtiger Stoffe, nur noch eingeschränkt erfüllen. Diese Abfallstoffe des Körpers reichern sich im Blut an und führen zu Vergiftungserscheinungen.

BEHANDLUNG: Wenn Sie Nierenversagen vermuten, müssen Sie den Hund schnell in tierärztliche Behandlung bringen. Eventuell ist durch eine gezielte Behandlung ein bleibender Schaden an den Nieren zu verhindern.

Chronischer Nierenschaden

SYMPTOME: Der Hund ist weniger leistungsfähig als sonst. Er frißt schlecht, aber trinkt mehr und setzt vermehrt Harn ab. Viele Besitzer nierenkranker Hunde klagen, daß der Hund nicht mehr stubenrein ist.

Im fortgeschrittenen Stadium der Erkrankung treten Erbrechen und Durchfall auf. Der Hund ist sehr geschwächt und anfällig für zusätzliche Erkrankungen. In schweren Fällen und im Endstadium des Nierenversagens kommt es zu geschwürigen Veränderungen im Maulbereich und einem unangenehmen Mundgeruch nach Urin.

URSACHE: Entzündungen der Niere, Tumoren oder Schrumpfnieren führen zu verminderter Leistungsfähigkeit dieser Organe.

BEHANDLUNG: Im Blut bestimmt der Tierarzt die Nierenwerte und kann so das Erkrankungsstadium genauer einschätzen. Die Grundkrankheit muß behandelt werden. Darüber hinaus sollte eine spezielle Nierendiät eingehalten werden, damit die Tätigkeit der Nieren erleichtert wird. Dem Hund muß immer ausreichend Wasser zur Verfügung stehen, selbst wenn er ab und zu nachts den Harn nicht halten kann. Lassen Sie Ihren nierenkranken Hund spätabends noch einmal nach draußen, und legen Sie dann einfach eine waschbare Decke und eine wasserdichte Unterlage auf seinen Schlafplatz.

Mit Nierenerkrankungen ist nicht zu spaßen: Je nachdem, wie weit die Schädigung der Nieren schon fortgeschritten ist, sinken die Chancen auf völlige Gesundung.

Entzündungen der Harnorgane

SYMPTOME: Der Hund zeigt Störungen beim Harnlassen. Eventuell hat er Schmerzen, oder er setzt häufig zum Harnabsatz an, doch es tröpfelt jeweils nur ein bißchen Urin. Dieser kann trüb oder blutig verfärbt sein. Sie sollten eine Harnprobe zur Untersuchung beim Tierarzt mitnehmen.

Nierendiät

- Uneingeschränkte Trinkwasserzufuhr
- reichliche Vitaminversorgung (Vit. C, Vit. B)
- verringerte Eiweißaufnahme (wenig, aber hochwertiges Eiweiß: Muskelfleisch, Magerquark, Ei)

Kontrollieren Sie die Körpertemperatur. Bei schweren oder bakteriell bedingten Entzündungen tritt Fieber auf.

URSACHE: Bakterieninfektionen, Veränderung der Urinzusammensetzung, Harnsteine und andere Ursachen führen zu schmerzhaften Entzündungen der Harnwege.

BEHANDLUNG: Der Tierarzt untersucht den Urin im Labor und muß eventuell Blut nehmen oder den Hund röntgen.

Bei Bakterieninfektionen ist eine Antibiotikumtherapie notwendig. Wenn andere Ursachen bestehen, werden diese behandelt.

Entzündungen im Bereich der Harnorgane müssen sofort und ausreichend lang behandelt werden. Versäumt man dies, wird die Erkrankung schnell chronisch und therapieresistent.

Harnröhrensteine, Blasensteine

SYMPTOME: Der Rüde hat Schmerzen beim Beinchenheben, der Urin ist meist mit Blut vermengt. In schweren Fällen ist Harnabsatz nur noch tröpfchenweise oder aber gar nicht mehr möglich.
Bei der Hündin kommt ein Verschluß der Harnröhre kaum vor. Blutvermengter Harn und Schmerzen beim Betasten des Bauches sind auch bei Hündinnen Symptome für Harnsteine.

URSACHE: Beim Rüden ist die Harnröhre eher verstopft als bei der Hündin, weil sie wesentlich länger und dünner ist und als zusätzliches Hindernis einen Engpaß vor dem Penisknochen hat. Hier können schon sehr kleine Harnsteinchen die Harnröhre verlegen.

Harnsteine entstehen, wenn Mineralien im Harn kristallisieren und ausfällen. Zunächst bildet sich Harngrieß, die feinen Körnchen werden entweder mit dem Urin ausgeschwemmt oder sie wachsen zu Harnsteinen. Die Steinchen reizen die Blasen- und Harnröhrenschleimhaut, führen zu Entzündungen und Blutungen und verursachen Schmerzen. Einige Faktoren begünstigen die Entstehung von Harnsteinen, z.B. bestimmte pH-Bereiche des Harns, Entzündungen der Harnwege oder rassebedingte Veranlagung.

BEHANDLUNG: Kann ein Rüde keinen Harn mehr absetzen, ist dies ein Notfall. Er muß umgehend behandelt werden, denn der Harn staut sich zurück und verursacht Vergiftungserscheinungen. Der Tierarzt legt einen Katheter und versucht, den Harngrieß aus der Harnröhre zu schieben. Gelingt das nicht, wird der Hund operiert und eine künstliche Harnröhrenöffnung vor dem Penisknochen gelegt.

Bei der Hündin bleiben kleine Steine meist unentdeckt und symptomlos. Ab einer gewissen Größe oder wenn durch die Steine Beschwerden auftreten, werden sie chirurgisch entfernt.

Wenn die Veranlagung zur Harnsteinbildung besteht, muß der Hund Diät halten. Beim Tierarzt gibt es je nach Zusammensetzung der Harnkristalle Fertigfutter zur Vorbeugung der Steinbildung zu kaufen.

TIP

Urin auffangen: Verbinden Sie mit Klebeband den Griff einer Suppenkelle mit einem Besenstiel, und verwenden Sie diesen verlängerten Arm, um relativ unbemerkt an die gewünschte Probe zu kommen. Urinprobe in ein sauberes, dicht schließendes Gefäß füllen und bis zum Tierarztbesuch kühl aufbewahren.

Harnträufeln

SYMPTOME: Der Hund kann den Harn nicht halten. Immer wieder verliert er Tröpfchen, besonders über Nacht größere Mengen, ohne es zu merken.

URSACHE: Bei Welpen ist das Harnträufeln (auch Inkontinenz genannt) nicht ungewöhnlich, aber meist nicht durch eine Krankheit verursacht. Der junge Hund hat einfach seine Blase noch nicht vollständig unter Kontrolle. Wenn er sich freut oder Angst hat, kann schon einmal ein kleines Mißgeschick passieren.

Als Erkrankung ist das Harnträufeln jedoch bei erwachsenen Hunden zu sehen. Ihm kann eine Nerven- oder Rückenmarksschädigung zugrunde liegen. Ältere kastrierte Hündinnen, vor allem große Rassen, leiden manchmal durch Hormonmangel an Inkontinenz.

BEHANDLUNG: Wenn die Grundkrankheit erkannt und behandelt wird, geht auch die Inkontinenz zurück.

Geschlechtsorgane

▸ Kastration und Sterilisation

Landläufig sagt man, der Rüde wird zur Verhinderung der Fortpflanzungsfähigkeit kastriert, die Hündin sterilisiert. Medizinisch korrekt allerdings handelt es sich um Eingriffe, die bei beiden Geschlechtern möglich sind.

Die Kastration ist die Entfernung der Keimdrüsen, beim Rüden also der Hoden, bei der Hündin der Eierstöcke. Die Keimdrüsen sind auch der Hauptbildungsort der Geschlechtshormone, deren Produktion durch die Kastration ebenfalls wegfällt.

Praktisch bedeutet dies, daß nach der Kastration der Geschlechtstrieb und bei der Hündin der Sexualzyklus unterbunden sind. Die Hündin wird nicht mehr läufig, die Zyklusblutung und Scheinträchtigkeiten fallen weg. Der Rüde ist nicht mehr an läufigen Hündinnen interessiert und wird meist auch verträglicher mit anderen Rüden, weil das Imponier- und Dominanzverhalten schwächer werden.

Sterilisation bedeutet Unterbindung der Ausführungsgänge, also Eileiter bzw. Samenleiter. Das Geschlechtsverhalten und der Läufigkeitszyklus verändern sich überhaupt nicht, allein die Fortpflanzungsfähigkeit ist unterbunden.

In der Regel wird bei Haustieren beiderlei Geschlechts die Kastration durchgeführt, denn die Nebeneffekte sind bei Familienhunden erwünscht und vorteilhaft.

▸ Vorhautentzündung

SYMPTOME: Aus der Vorhaut tröpfelt eitriges Sekret, und der Hund leckt sehr häufig am Penis. Die Spitze des Penis kann gerötet und entzündet sein.
URSACHE: Der Vorhautkatarrh kommt recht häufig vor und wird durch die Ansammlung von Harn und Vorhautsekret und die Besiedlung mit Bakterien verursacht.
BEHANDLUNG: Tägliche Spülung mit einem milden Desinfektionsmittel und anschließendes Auftragen einer antibiotikahaltigen Lösung bringt die Entzündung zwar zum Abklingen, aber häufig tritt sie bald wieder auf. Wird der Hund kastriert, geht die Entzündung in den meisten Fällen zurück.

▸ Hodenhochstand

SYMPTOME: Im Hodensack befindet sich nur ein oder auch gar kein Hoden.
URSACHE: Der Hodenhochstand oder Kryptorchismus ist angeboren. Durch eine Fehlentwicklung bleibt der Hoden im Bauchraum oder im Leistenspalt liegen.
BEHANDLUNG: Da der obenliegende Hoden zur tumorhaften Entartung neigt, sollte er operativ entfernt werden. Es ist sinnvoll, den Rüden dabei gleich zu kastrieren. Auf keinen Fall sollte man ihn aber zur Zucht einsetzen, denn die Erkrankung wird vererbt.

▸ Hodenentzündung

SYMPTOME: Die Hoden schwellen an, sind warm und sehr schmerzhaft. Der Hund bewegt sich ungern und vorsichtig, oft hat er Fieber.
URSACHE: Einige Infektionskrankheiten haben als Begleiterscheinung eine Hodenentzündung. Aber auch Verlet-

zungen oder Quetschungen der Hoden führen zu Entzündungssymptomen.
BEHANDLUNG: Symptomatisch und als Sofortmaßnahme werden Medikamente zur Schmerzlinderung und Entzündungshemmung eingesetzt. Gleichzeitig wird eine Behandlung des Grundleidens eingeleitet, um zu verhindern, daß die Entzündung chronisch wird. Hodenentzündung kann zur Unfruchtbarkeit des Rüden führen.

▸ Hodentumoren

SYMPTOME: Die Erkrankung kommt relativ häufig bei älteren Rüden vor. Ein oder beide Hoden sind vergrößert, das Gewebe knotig und hart, aber meist nicht schmerzhaft. Bestimmte Tumoren produzieren das weibliche Geschlechtshormon Östrogen, so daß der erkrankte Rüde von anderen für eine Hündin gehalten wird.
URSACHE: Besonders nicht abgestiegene Hoden im Bauch oder im Leistenspalt neigen zur Tumorbildung, aber auch normal entwickelte Hoden können entarten. Die meisten Hodentumoren sind gutartig und neigen nicht dazu, Metastasen zu bilden.
BEHANDLUNG: Es ist sinnvoll, die Hoden zu entfernen.

▸ Prostatavergrößerung

SYMPTOME: Der Rüde hat Schwierigkeiten, Kot abzusetzen, er ist verstopft und setzt Kotstränge von kleinerem Durchmesser als sonst ab. Manchmal entsteht durch das Pressen rechts und links des Afters eine Vorwölbung. Aus dem Penis kann unabhängig vom Harnabsatz Blut oder Eiter träufeln.
URSACHE: Ältere Rüden neigen zu Prostatavergrößerungen, als Ursache wird ein Hormonungleichgewicht vermutet. Durch das starke Pressen auf Kot kann es zur Lockerung des Dammgewebes und zu einem Bruch kommen. Eiter deutet auf eine Infektion der Prostata hin.
BEHANDLUNG: Der Tierarzt untersucht die Prostata rektal und kann eine Vergrößerung feststellen. Als Therapie hat sich die Kastration des Rüden bewährt, danach verkleinert sich die Prostata meistens bald, und die Beschwerden gehen zurück.

▸ Läufigkeitsstörungen

Sie sollten die Läufigkeit Ihrer Hündin genau beobachten und am besten in einem Kalender festhalten. Nach einigen Zyklen kennen Sie den zeitlichen Ablauf und können sich darauf einstellen. Das ist wichtig für die Planung eines Decktermins oder auch, um – eventuell krankhafte – Unregelmäßigkeiten frühzeitig zu bemerken.

▸ Ausbleiben der Läufigkeit

SYMPTOME: Bei der jungen Hündin ist bis zum Alter von 18 Monaten noch keine Läufigkeit aufgetreten, oder bei einer Hündin, die Welpen hatte, setzt der normale Zyklus nicht wieder ein.
URSACHE: Es handelt sich meist um eine Unterfunktion der Eierstöcke.
BEHANDLUNG: Die Behandlung mit Hormonpräparaten durch den Tierarzt ist möglich. Liegen ansonsten keine Krankheitsanzeichen vor, ist eine Behandlung aber nicht unbedingt notwendig. Eine Junghündin mit Hormonstörungen sollte man allerdings nicht zur Zucht nutzen.

▸ Verlängerte Läufigkeit

SYMPTOME: Blutiger Scheidenausfluß in der Vorbrunst, der länger als 21 Tage anhält, oder eine Deckbereitschaft von mehr als 21 Tagen sind als Krankheitssymptom zu werten.

URSACHE: Eine Störung im Hormonhaushalt der Hypophyse oder der Eierstöcke kann die Ursache sein.

BEHANDLUNG: Die Behandlung wird vom Tierarzt mit Hormonpräparaten durchgeführt.

▸ Maßnahme bei Fehlbedeckung

Sie sind ganz sicher, daß Ihre Hündin gedeckt wurde, da Sie Rüde und Hündin beim Deckakt gesehen haben. Soll die Hündin auf keinen Fall Junge bekommen, gibt es verschiedene Möglichkeiten, dies zu verhindern. Beraten Sie sich eingehend mit Ihrem Tierarzt, und entscheiden Sie, welche Behandlung für Ihre Hündin in Frage kommt.

Hormoninjektionen: Im Abstand von 2 Tagen, beginnend am Tag nach der Bedeckung, werden 3 Hormonspritzen verabreicht. So können sich die befruchteten Eizellen nicht in der Gebärmutter einnisten. Als seltene Nebenwirkung können schmerzhafte Gebärmutterentzündung oder Knochenmarksschädigungen auftreten.

Kastration: Es ist auch möglich, die Hündin in der Frühträchtigkeit (vor dem 40. Tag) zu kastrieren, so verhindert man zudem zukünftig unerwünschten Nachwuchs. Das Risiko bei diesem chirurgischen Eingriff ist nicht höher als bei einer nicht trächtigen Hündin.

Zyklus der Hündin

Eine Hündin wird mit 6 bis 11 Monaten zum erstenmal läufig.
Der gesamte Zyklus unterteilt sich in verschiedene Phasen:

1. Vorbrunst, Proöstrus

Diese Phase dauert 7 bis 13 Tage, die Rüden haben zwar schon Interesse an der Hündin, doch sie will noch nichts von ihnen wissen. Die Schamlippen schwellen an, und man sieht blutig-wäßrigen Ausfluß. Die inneren Geschlechtsorgane werden stärker durchblutet, und auf den Eierstöcken wachsen die Eizellen heran.

2. Brunst, Hitze, Läufigkeit, Östrus

Sie dauert etwa 4 bis 10 Tage. Der Scheidenausfluß wird weniger und sieht glasig aus, die Schamlippen sind weiterhin geschwollen. Jetzt ist die Hündin paarungsbereit. Sie entwickelt je nach Temperament erstaunliche Fähigkeiten, zu entwischen und zu einem Rüden zu gelangen. Die Eizellen sind gereift, und der Eisprung findet statt.

3. Metöstrus

Wird die Hündin nicht gedeckt, schließt sich die Nachbrunst, Metöstrus, an. Die Scham schwillt ab, das Interesse der Hündin an den Rüden läßt wieder nach. Die Rückbildung der Geschlechtsorgane dauert etwa 4 bis 8 Wochen.

4. Anöstrus

Dann folgt die Ruhephase, Anöstrus genannt, in der die Hormonproduktion sehr gering ist. Die Scham ist klein, und es ist kein Ausfluß zu sehen. Diese Phase weist die größten zeitlichen Schwankungen auf, sie dauert 2 bis 8 Monate.

Scheidenentzündung

SYMPTOME: Die Scheidenentzündung tritt häufig bei jungen Hündinnen vor der ersten Läufigkeit auf. Sie macht sich durch eitrigen Ausfluß, geschwollene und gerötete Schamlippen bemerkbar. Manchmal besteht zusätzlich Juckreiz, dann ist die Hündin sehr unruhig und leckt häufig ihre Scham.
URSACHE: Die Bakterien, welche normalerweise die Schamlippen besiedeln und zur Scheidenflora gehören, können sich bei Abwehrschwäche des Hundes vermehren und zur Entzündung führen.
BEHANDLUNG: Wenn der Scheidenausfluß bei einer jungen Hündin nur gering ist und sie keine weiteren Krankheitssymptome zeigt, ist eine Behandlung nicht notwendig. Der Ausfluß verschwindet meist nach der ersten Läufigkeit. In allen anderen Fällen sollte man den Tierarzt aufsuchen, er wird die Scheide mit einer milden Desinfektionslösung spülen und je nach Erregerspektrum das passende Antibiotikum in Salbenform einsetzen.

Scheidenvorfall

Der Scheidenvorfall tritt vorwiegend bei jungen Hündinnen großer Rassen um die Zeit der Läufigkeit auf.
SYMPTOME: Die Scheidenschleimhaut wölbt sich als rosafarbenes, bis tennisballgroßes Gebilde zwischen den Schamlippen hervor. Wird die Erkrankung nicht behandelt, staut sich das Blut in dem vorgefallenen Gewebe, die Schleimhaut trocknet aus und kann sich nicht mehr regenerieren.
URSACHE: Unter dem Einfluß des Hormons Östrogen wird das Gewebe der Geschlechtsorgane sehr gut durchblutet, weich und locker. Hinzu kommt eine erbliche Veranlagung.
BEHANDLUNG: In leichten Fällen kann man das vorgefallene Gewebe mit Eispackungen kühlen und vorsichtig wieder zurückschieben. Wahrscheinlich tritt der Vorfall aber immer wieder, spätestens zur nächsten Läufigkeit auf. Deshalb wird der erfahrene Tierarzt vorschlagen, die Hündin zu kastrieren. Mit Wegfall der Hormonproduktion verschwindet die Neigung zum Scheidenvorfall.

Wird der Vorfall übersehen oder zu spät zur Behandlung vorgestellt, kann das Gewebe bereits derart stark geschädigt sein, daß es operativ entfernt werden muß.

Scheidentumor

SYMPTOME: Die Hündin kann unter blutigem oder eitrigem Scheidenausfluß mit oder ohne Juckreiz leiden. Je nach Lage und Größe des Tumors ist er even-

Kastration der Hündin

	Vorteile
1	Einmaliger und abschließender Eingriff
2	Ausbleiben der Läufigkeitsblutung
3	Keine Belästigung durch Rüden
4	Verringerung der Gefahr von Gesäugetumoren (bei frühzeitiger Kastration)
	Nachteile
1	Gewichtszunahme (Reduzierung der Futtermenge notwendig)
2	Gefahr des Harnträufelns (Behandlung durch Medikamente möglich)

tuell von außen zu sehen. Außerdem kann er zu Kot- oder Harnabsatzproblemen führen.

URSACHE: Scheidentumoren entstehen vor allem bei älteren Hündinnen. Glücklicherweise sind sie meistens gutartig.

BEHANDLUNG: Der Tumor wird vom Tierarzt operativ entfernt.

▶ Gebärmutterentzündung

SYMPTOME: Typischerweise tritt die Gebärmutterentzündung etwa 4 bis 10 Wochen nach Ende der Läufigkeit auf. Die Hündin hat eitrigen, übelriechenden Scheidenausfluß, der aber auch fehlen kann, und sie trinkt auffällig viel Wasser. Nur selten haben die Hündinnen Fieber, sie machen auch keinen sehr »kranken« Eindruck.

Wird die Entzündung nicht bemerkt, weil der Gebärmuttermund geschlossen ist, kann es zu Komplikationen kommen. Der Eiter fließt nicht ab. Er sammelt sich in der Gebärmutter, in seltenen Fällen kann dies zum Zerreißen des Organs führen. Diese Fälle verlaufen sehr rasch und dramatisch.

URSACHE: Wenn zum Ende der Läufigkeit Bakterien in die Gebärmutter eindringen, vermehren sie sich dort. Die Gebärmutter schließt sich, im Innern bilden sich große Mengen Eiter. Wenn sich der Gebärmuttermund wieder öffnet, läuft der Eiter nach außen ab. Bleibt die Gebärmutter aber geschlossen, können die oben geschilderten Komplikationen entstehen.

Ab und zu entsteht die Gebärmutterentzündung und -vereiterung auch nach Hormonbehandlungen, die zur Läufigkeitsunterdrückung oder zum Abbruch der Trächtigkeit eingesetzt wurden.

BEHANDLUNG: Der Tierarzt stellt die Diagnose nach den klinischen Symptomen, den Blutwerten und eventuell einer Röntgenaufnahme. Ist der Zustand der Hündin kritisch, muß sie sofort operiert werden, und die Gebärmutter wird entfernt. In leichteren Fällen kann die Erkrankung durch Hormon- und Antibiotikagaben ausheilen.

▶ Scheinträchtigkeit

SYMPTOME: 4 bis 9 Wochen nach der Läufigkeit verhält sich die Hündin, als ob sie Junge bekommt. Das Gesäuge schwillt an, eventuell tritt auch Milch aus den Zitzen. Die Hündin baut ein Nest, sucht sich Spielsachen, die sie bemuttert und verteidigt, und kann sehr nervös oder aber apathisch im Verhalten werden.

URSACHE: Eine Störung des Hormonhaushalts führt zur Scheinträchtigkeit. Es liegt aber meist eine individuelle Veranlagung zu dieser Erkrankung vor.

BEHANDLUNG: In leichten Fällen gelingt es, die Hündin durch häufiges Spazierengehen und Wegräumen der Spielsachen abzulenken. Ändert sich das Verhalten nicht oder schwillt die Milchdrüse zu sehr an, ist eine Behandlung durch den Tierarzt notwendig.

▶ Gesäugeentzündung

SYMPTOME: Die Entzündung der Milchdrüse, Mastitis, tritt meist bei säugenden Hündinnen in der Zeit kurz nach der Geburt der Welpen auf. In der Regel ist nur ein Drüsenkomplex betroffen, es kann aber auch eine ganze Milchleiste entzündet sein. Die Haut um die Zitze ist rot und heiß, das Gewebe verhärtet

Bei Scheinträchtigkeit verhält sich die Hündin so, als ob sie Junge hätte.

und ist äußerst schmerzhaft. Die Milch wird wäßrig, blutig oder eitrig. Die Hündin hat hohes Fieber und will, weil das Gesäuge so berührungsempfindlich ist, die Welpen nicht mehr trinken lassen.

URSACHE: Durch minimale Verletzungen, die die Welpen beim Saugen verursachen, dringen Bakterien ins Milchdrüsengewebe ein und führen zur Entzündung.

BEHANDLUNG: Die Mastitis muß sofort tierärztlich behandelt werden, da die Bakterien Gifte ins Blut der Hündin abgeben, welche zu schweren Allgemeinerkrankungen führen. Bis zum Eintreffen beim Tierarzt sollte der entzündete Drüsenkomplex mit feuchten Tüchern gekühlt werden. Der Tierarzt setzt Antibiotika und entzündungshemmende Medikamente ein.

Die Welpen müssen sofort von der Mutter getrennt werden, da sie sterben können, wenn sie die bakterienhaltige Milch trinken. Man sollte deshalb vorsorglich Milchpulver für Welpen vorrätig haben.

▸ Gesäugetumoren

SYMPTOME: An der Milchleiste bilden sich ein oder mehrere Knoten. Sie sind beim Betasten meist nicht schmerzhaft und wachsen mehr oder weniger schnell.

URSACHE: Gesäuge- oder Mammatumoren kommen bei älteren Hündinnen ab etwa 6 Jahren sehr häufig vor.

BEHANDLUNG: Wenn ein kleiner Gesäugetumor nicht oder nur sehr langsam wächst, kann man meist von einem gutartigen Tumor ausgehen, der keine Tochtergeschwüre bildet. Dann ist eine operative Behandlung nicht unbedingt notwendig. Beobachten Sie den Tumor regelmäßig. Wächst der Tumor aber schnell oder bricht seine Oberfläche auf und näßt, sollte er operativ entfernt werden, denn diese Tumoren sind oft bösartiger Natur. Der Tierarzt kann den Knoten zur Gewebeuntersuchung in ein Labor einsenden, um Aufschluß über sein Verhalten und die weitere Prognose zu erhalten.

Hormonstörungen

▸ Nebennierenüberfunktion

Dies ist eine der häufigsten Hormonstörungen bei älteren Hunden.

Die Nebenniere ist ein kleines bohnenförmiges Organ hinter der Niere. Sie produziert ein Hormon zur Regulierung des Wasserhaushalts, Geschlechtshormone und Kortisol, das eine wichtige Rolle im Stoffwechselgeschehen spielt.

SYMPTOME: Dem Besitzer fällt zunächst auf, daß sein Hund ständig Hunger und immer Durst hat. Er wird dabei zunehmend träge und schwach, hechelt viel und hat wenig Interesse an seiner Umgebung. Der Bauch wird immer dicker, gleichzeitig nimmt die Muskulatur ab. Ein typisches Symptom ist auch die dünner werdende Haut. Sie ist anfällig für Verletzungen, doch selbst kleine Wunden heilen sehr schlecht. Schließlich leidet der Hund unter Haarausfall, besonders am Bauch, an der Rückseite der Hinterbeine und an den Flanken.

URSACHE: Die Erkrankung ist als »Cushing (sprich: Kusching) -Syndrom« bekannt und beruht auf einer übermäßigen Ausschüttung des Hormons Kortisol. Diese kann erfolgen, wenn die Nebenniere oder die Hirnanhangsdrüse als übergeordnetes Steuerzentrum von Tumoren befallen sind. Aber auch nach einer lang andauernden Kortisontherapie kann als Nebenwirkung das Cushing-Syndrom auftreten.

BEHANDLUNG: Kleine Tumoren in der Nebenniere können operativ entfernt werden. In anderen Fällen kann der Versuch einer Chemotherapie gemacht werden, doch die Prognose ist eher ungünstig.

▸ Zuckerkrankheit

Wie beim Menschen wird die Zuckerkrankheit als Diabetes mellitus bezeichnet.

SYMPTOME: Der Hund trinkt sehr viel und setzt reichlich Urin ab. Er hat weniger Appetit als normal, verliert Gewicht und erbricht häufig. Oft fällt eine Linsentrübung der Augen auf.

URSACHE: Die Bauchspeicheldrüse produziert zuwenig Insulin. Es erkranken besonders ältere Hunde, wobei unkastrierte Hündinnen häufiger betroffen sind als Rüden. Auch wird angenommen, daß Diabetes familiär gehäuft auftritt.

BEHANDLUNG: Dem erkrankten Hund muß Insulin gespritzt werden. Der Tierarzt stellt den Hund ein, das bedeutet, er findet genau die individuell richtige Dosis für ihn. Dann bringt er Ihnen das Insulinspritzen bei, denn die Therapie muß lebenslang durchgeführt werden. Sehr wichtig ist ein regelmäßiger Tagesablauf mit genau eingehaltenen Fütterungszeiten und -rationen. Der Besitzer kontrolliert den Zucker im Urin, und in regelmäßigen Abständen wird eine Blutzuckerkontrolle vom Tierarzt durchgeführt.

▸ Schilddrüsenunterfunktion

Die Schilddrüsenunterfunktion gehört zu den häufigsten Hormonstörungen des Hundes.

SYMPTOME: Der Hund ist träge, müde und macht stets einen »traurigen« Eindruck. Das Fell verändert sich, die Haare werden struppig und glanzlos, an vielen Stellen (Nasenrücken, Schwanzansatz, Flanken) fallen sie aus. Die Haut verfärbt sich an diesen Stellen dunkel und verdickt sich schwammartig.

URSACHE: Die Schilddrüse bildet nicht genügend Hormon, um den normalen Stoffwechsel im Körper aufrechtzuhalten.

BEHANDLUNG: Der Tierarzt bestimmt das genaue Ausmaß der Mangelerkrankung und verordnet Schilddrüsenhormone in Tablettenform.

▸ Schilddrüsenüberfunktion

SYMPTOME: Der Hund trinkt und frißt sehr viel, nimmt aber trotzdem ab. Er ist unruhig, nervös und hechelt stark. Die Schilddrüse kann vergrößert sein, dann ist sie unterhalb des Kehlkopfs zu fühlen. Manchmal kommt es vor, daß die Augen des Hundes sich weiter als normal vorwölben.

URSACHE: Meist sind Tumoren der Schilddrüse Ursache für die Erkrankung.

BEHANDLUNG: Der Tumor wird chirurgisch entfernt.

Bewegungsstörungen

Bewegungsstörungen

Skelett

Knochenbruch, Fraktur

SYMPTOME: Infolge des Knochenbruchs wird die von den Knochen gestützte Gliedmaße oder Körperregion in ihrer Funktion gestört.

Wenn man Knochenteile von außen sehen kann, spricht man von einem offenen Bruch, im Gegensatz zu einem geschlossenen Bruch. Ist der Knochen in viele kleine Teile gesplittert, nennt man ihn Trümmerbruch. Ist nur eine deutliche Bruchstelle vorhanden, ist es ein einfacher Bruch.

URSACHE: Die meisten Frakturen entstehen durch Unfälle, bei denen die Gewalteinwirkung so stark ist, daß der Knochen zerbricht. Das umliegende Gewebe wird mit verletzt, so daß Muskelzerreißungen, Blutungen, Nervenquetschungen erschwerend hinzukommen.

BEHANDLUNG: Der Hund muß sofort zum Tierarzt gebracht werden. Zunächst wird festgestellt, ob außer dem Knochen lebenswichtige Organe verletzt sind oder ob Lebensgefahr durch Schock oder Blutung besteht. Dann wird die Fraktur untersucht und geröntgt. Je nach Lage und Schwere der Knochenschädigung wird ein Verband angelegt, der Knochen eingegipst oder die Fraktur operiert und mit Schrauben oder Nägeln fixiert. Nach 4 bis 6 Wochen kann eine Kontrollröntgenaufnahme zur Begutachtung der Heilung gemacht werden.

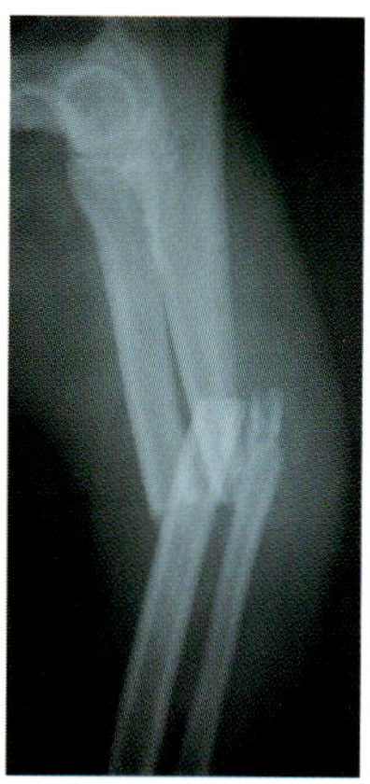

Ein Knochenbruch vor der ärztlichen Versorgung.

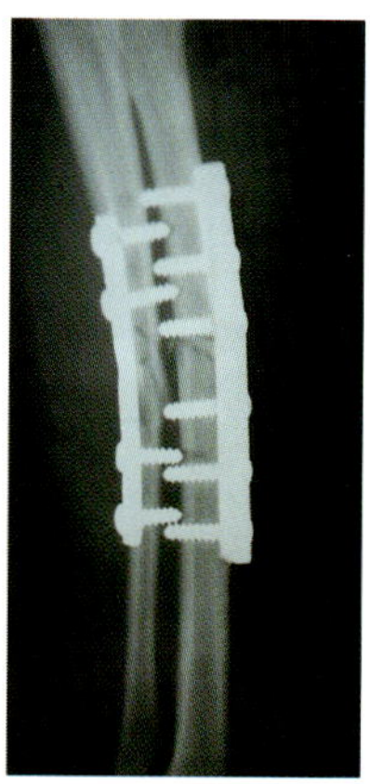

So sieht ein mit Schrauben fixierter Bruch in der Röntgenaufnahme aus.

Knochenwachstumsstörungen

Das Wachstum der Knochen geht von »Wachstumszonen« aus, die beim Röhrenknochen am Übergang vom Schaft zu den Verdickungen am Gelenk liegen.

SYMPTOME: Betroffen sind junge Hunde während des Wachstums im Alter von etwa 4 Monaten. Sie schonen das schmerzende Bein, und langsam beginnt dieses, schief oder verdreht zu wachsen.

URSACHE: Die Knochenwachstumszone ist teilweise geschädigt, so daß eine Seite des Knochens nicht im selben

Maße wächst wie die andere. Die Erkrankung kann genetisch bedingt sein, als folge von Stoffwechselstörungen oder nach Verletzungen der Wachstumszone eintreten.
BEHANDLUNG: Die Ursache muß so bald wie möglich gefunden und behandelt werden, um dauernde Fehlstellungen zu vermeiden. Eventuell kann eine – allerdings sehr aufwendige – Operation die Wachstumsstörung beheben.

▸ Knochenentzündung

SYMPTOME: Nach Knochenbrüchen oder -operationen wird der Bereich über dem Knochendefekt warm, schmerzempfindlich und schwillt an. Der Hund hat Fieber und belastet das betroffene Bein nicht.
URSACHE: Während der Knochen frei lag, konnten sich Bakterien ansiedeln, die zu einer Entzündung führen.
BEHANDLUNG: Der Tierarzt reinigt die Wunde und spült sie, dann setzt er hochdosiert Antibiotika ein, um die Infektion auszuschalten.

▸ Knochentumoren

SYMPTOME: Der Hund lahmt und hat Schmerzen beim Betasten des Knochens. Im späteren Stadium kann es zu harten, knotigen Verdickungen kommen, eventuell auch zu Knochenbrüchen an diesen Stellen.
URSACHE: Knochentumoren sind meist bösartiger Natur und neigen dazu, Tochtergeschwüre in der Lunge zu bilden. Bis der Besitzer Veränderungen am Knochen bemerkt, ist diese Metastasierung bereits weit fortgeschritten.
BEHANDLUNG: Um sich einen Überblick über das Ausmaß der bösartigen Erkrankung zu verschaffen, kann der Tierarzt Röntgenbilder, auch von der Lunge, anfertigen. Im frühen Krankheitsstadium ist eine rasche Amputation des befallenen Knochens sinnvoll. Spezialtierkliniken bieten Chemotherapie zur Nachversorgung der vierbeinigen Tumorpatienten an.

Wirbelsäule

▸ Bandscheibenvorfall

Von dieser Erkrankung sind hauptsächlich Hunde mit langem Rücken und kurzen Beinen betroffen.
SYMPTOME: In leichten Fällen zeigt der Hund Schmerzen durch aufgezogenen Rücken, klammen Gang und das Unvermögen, Wendungen oder Sprünge durchzuführen. Das Berühren des Rückens im Lendenbereich ist ihm äußerst unangenehm. In schweren Fällen schreit der Hund mitten in einer Bewegung auf und ist dann schlagartig gelähmt. Oft kann kein Harn und kein Kot mehr abgesetzt werden.
URSACHE: Zwischen den einzelnen Wirbeln befinden sich die Bandscheiben, Faserringe mit einem gallertigen Kern. Durch vorzeitige Alterung des Gewebes können die Fasern reißen. Der Kern drückt auf das Rückenmark und verursacht je nach betroffenem Nervengewebe die Schmerzen und Lähmungen.
BEHANDLUNG: Bei einer totalen Lähmung muß der Hund sofort dem Tierarzt vorgestellt werden, denn nur durch eine rechtzeitige Operation bestehen Chancen auf Wiederherstellung der Nervenfunktionen.

In leichteren Fällen setzt der Tierarzt Medikamente und Bestrahlungen ein. Der Besitzer muß unbedingt darauf achten, daß der Hund Auf- und Abwärtsbewegungen, wie Männchen machen, von Mauern springen oder häufiges Treppensteigen, vermeidet.

Verknöcherung der Wirbelsäule

Die Alters- und Abnutzungserscheinungen an den Wirbeln nennt man Spondylosen.

SYMPTOME: Der Hund hat Schmerzen beim Berühren des Rückens und kann enge Wendungen und Sprünge nicht mehr ausführen.

URSACHE: Bei älteren Hunden bilden sich häufig Knochenfortsätze an benachbarten Wirbelkörpern, die aufeinander zu wachsen und miteinander verschmelzen. So ist die Beweglichkeit in diesem Bereich erst eingeschränkt, dann gar nicht mehr möglich. Die Knochenbrücken drücken auf die aus dem Rückenmark abgehenden Nerven und verursachen die Schmerzen.

BEHANDLUNG: Der Hund wird geröntgt, um das Ausmaß der Verknöcherung sichtbar zu machen. Dann verordnet der Tierarzt schmerzlindernde Medikamente und Bestrahlungen. Wichtig ist es, den Hund zu schonen und ihm nicht mehr Bewegung zuzumuten, als er von sich aus will.

Gelenke

Verstauchung, Verrenkung

SYMPTOME: Der Hund schreit auf und kann wegen der starken Schmerzen das betroffene Gelenk nicht mehr bewegen.

URSACHE: Meistens durch einen Unfall wird das Gelenk überdehnt, bis es zum Riß von Kapsel und Bändern, eventuell mit Blutungen, kommt. Das betroffene Gelenk schwillt stark an, die Knochen können gegenüber ihrer ursprünglichen Lage verschoben sein.

BEHANDLUNG: Kühlen Sie das Gelenk mit Eisbeuteln, und halten Sie den Hund so ruhig wie möglich. Er muß sofort zum Tierarzt gebracht werden, der das Gelenk wieder einrenken und stabilisieren kann.

Arthritis, Arthrose

SYMPTOME: Die Arthritis ist eine entzündliche Gelenkerkrankung, eine Arthrose die Degeneration eines Gelenks. Beide Erkrankungen können ineinander übergehen. Bei der Arthritis ist das Gelenk geschwollen, heiß, schmerzhaft, und der Hund vermeidet jede Bewegung der betroffenen Region. Die Arthrose ist oft das Spätstadium, wenn die Entzündungssymptome abgeklungen sind, aber irreparable Schäden am Gelenk bleiben. Es kommt zu Fehlstellungen und verminderter Beweglichkeit des betroffenen Gelenks. Eine Arthrose kann auch ohne vorhergehende Infektion durch übermäßige

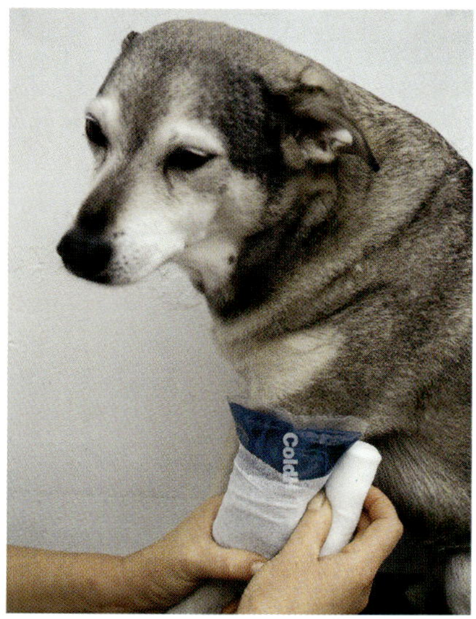

Frisch verstauchte Gelenke kühlt man mit einer Eisbeutelauflage.

oder falsche Belastung des Gelenks entstehen.

URSACHE: Durch bakterielle Allgemeininfektionen oder durch die Eröffnung des Gelenks kann sich die Infektion in ihm ansiedeln. Wenn keine oder zu späte Behandlung erfolgt, werden die Gelenkknorpel und -bänder angegriffen.

BEHANDLUNG: Eine Arthritis muß sofort und gezielt vom Tierarzt behandelt werden, um komplikationslos abzuheilen. Ein Hund mit Arthrose erhält schmerzlindernde Medikamente und muß das Gelenk schonen. Eventuell kann die Fehlstellung des Gelenks durch eine Operation korrigiert werden.

▸ Kreuzbandriß

SYMPTOME: Der Hund lahmt hochgradig und hat Schmerzen im Knie. Am betäubten Tier kann der Tierarzt das »Schubladenphänomen« auslösen, d. h., er verschiebt Ober- und Unterschenkel in einer typischen Weise gegeneinander, wie es nur beim Kreuzbandriß möglich ist.

URSACHE: In den meisten Fällen ist das Band schon vorgeschädigt, so daß es durch relativ geringe Verletzungen reißt.

BEHANDLUNG: Der Hund muß operiert werden, und das gerissene Kreuzband wird durch körpereigenes oder künstliches Gewebe ersetzt.

▸ Hüftgelenksdysplasie

SYMPTOME: Der Hund läuft in der Hinterhand steif, und Bewegungen in der Hüfte schmerzen. Auch das Aufstehen, Treppensteigen und Springen bereiten Beschwerden.

URSACHE: Die Hüftgelenksdysplasie, in Fachkreisen HD genannt, ist angeboren. Das Hüftgelenk ist nicht regelgerecht ausgebildet, so daß die Verbindung zwischen Oberschenkel und Hüfte locker ist. Die übermäßige Beweglichkeit im Gelenk verursacht Schmerzen.

BEHANDLUNG: Anhand der klinischen Symptome stellt der Tierarzt die Verdachtsdiagnose. Ein Röntgenbild kann sie bestätigen. In leichten Fällen werden Schmerzmittel eingesetzt, um dem Hund die Beschwerden zu nehmen, gleichzeitig muß der Hund sich schonen und bestimmte Bewegungen (Hochspringen, Treppensteigen) möglichst vermeiden. In komplizierten Fällen kann eine Operation Abhilfe schaffen, bei der ein künstliches Hüftgelenk eingesetzt wird.

Vorbeugend sollten Hunde, die zur Zucht eingesetzt werden, im Alter von 9 bis 18 Monaten geröntgt werden. Falls die Anlage zur Hüftgelenksdysplasie einen bestimmten Wert überschreitet, werden sie von den Vereinen nicht zur Zucht zugelassen.

▸ Kniescheibenverlagerung

Die Kniescheibe läuft in einer Rinne über den Oberschenkelknochen, ihre Sehne setzt am Unterschenkelknochen an.

SYMPTOME: Während des Laufens

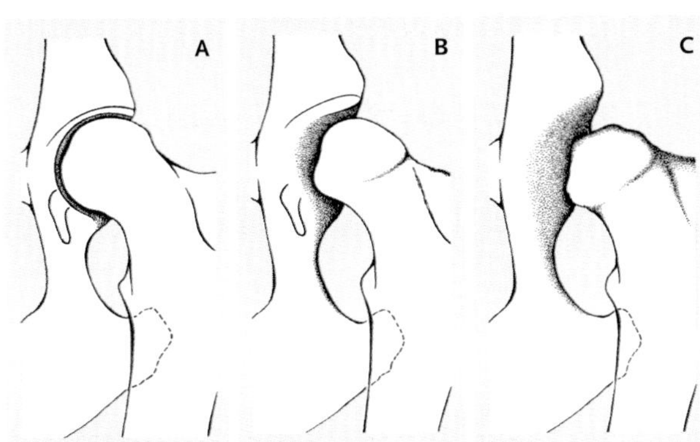

Hüftgelenksdysplasie (HD)
A) normales Hüftgelenk B) mittlere HD C) schwere HD

kann der Hund plötzlich ein Bein nicht mehr belasten, es ist im Knie abgewinkelt und wird hochgehalten. Wenn beide Beine betroffen sind, kann der Hund sich nur noch hüpfend fortbewegen. Man kann die Kniescheibe seitlich der Mittellinie fühlen. Zufällig bei bestimmten Bewegungen oder durch vorsichtige menschliche Hilfe wird das Bein wieder gestreckt. Beim Zurückspringen der Kniescheibe bemerkt man ein leichtes Rucken.
URSACHE: Besonders bei einigen Zwergrassen besteht eine Veranlagung zur Kniescheibenverlagerung, sie kann aber bei allen Hunden vorkommen. Es handelt sich um eine Fehlstellung des Hinterbeins mit Lockerung der Kniescheibe. Sie kann nach außen oder nach innen aus ihrer Führungsrinne springen.
BEHANDLUNG: In ausgeprägten Fällen sollte die Fehlstellung chirurgisch korrigiert werden.

Was tun, wenn mein Hund ein Bein schont?

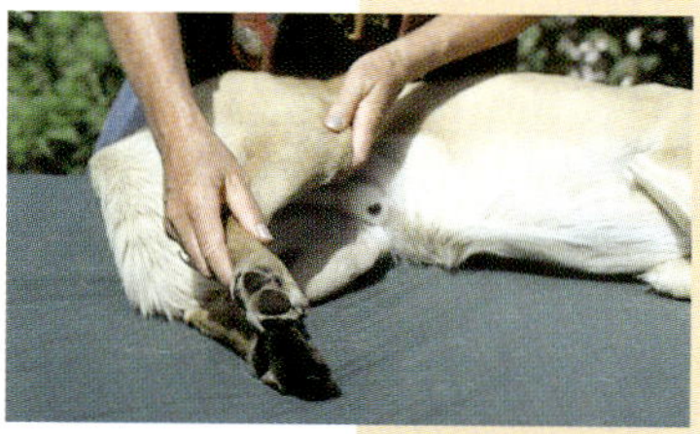

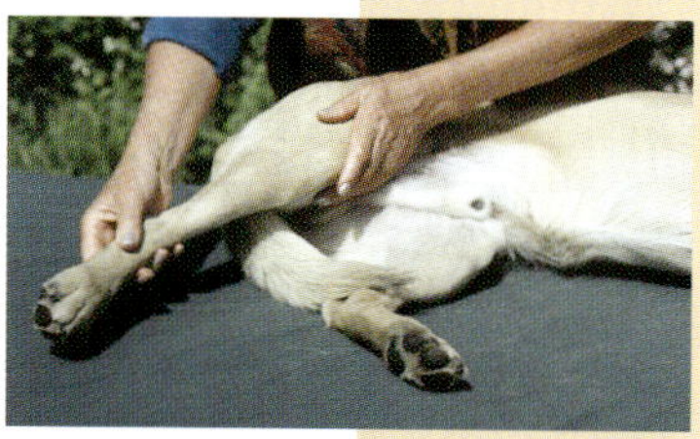

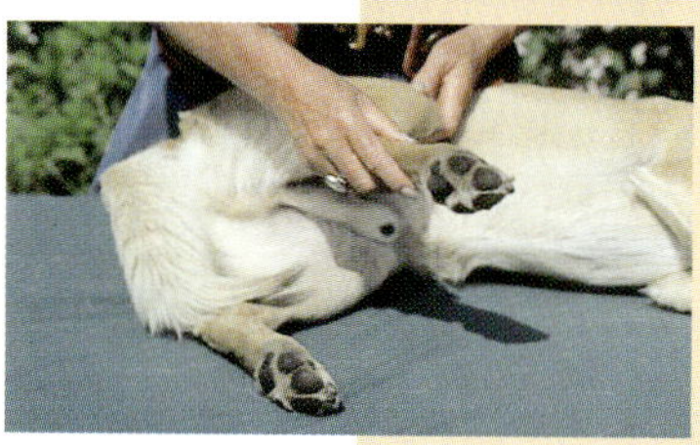

Beinkreisen fördert die Balance und Stabilität, z.B. besonders nach einem Unfall. Es hilft Hunden, die teilweise gelähmt sind oder sich nach einer Operation angewöhnt haben, ein Bein zu schonen. Oftmals ist der Heilungsprozeß schon abgeschlossen, aber die Erinnerung an die Schmerzen ist in den Zellen verankert. Der »TTouch« nach Linda Tellington-Jones unterstützt ebenfalls den Heilungsprozeß.

Muskeln

Muskelschwund

SYMPTOME: Bei Muskelschwund, medizinisch als Muskelatrophie bezeichnet, wird die Muskulatur schwächer, und die Muskelmasse nimmt ab. Die betroffene Gliedmaße oder das Gelenk kann nur noch langsam und eingeschränkt bewegt werden.
URSACHE: Wenn ein Muskel nicht beansprucht wird, kommt es relativ bald zu Muskelschwund. Ursache kann eine Nervenlähmung oder verletzungsbedingte Ruhigstellung einer Muskelgruppe sein.
BEHANDLUNG: Zunächst wird vom Tierarzt die Ursache der Muskelschwäche behandelt. Dann ist neben ausgewogener Ernährung eine gezielte Krankengymnastik wichtig. Der Tierarzt zeigt Ihnen, wie Sie die erkrankten Muskeln massieren und die Gelenke bewegen sollen, bis der Hund wieder kräftig genug ist. Bei langsam aufbauendem Training wird der Muskel bald wieder seine ursprüngliche Kraft und Funktion zurückerlangen.

Falsche Schleimbeutel

SYMPTOME: Über Knochenvorsprüngen kann sich ein flüssigkeitsgefüllter Beutel bilden. Er ist meist nicht schmerzhaft, außer wenn er sich in Folge einer Verletzung entzündet.

URSACHE: Wenn auf Knochenvorsprünge ständig Druck ausgeübt wird, bildet sich als Polster ein »falscher Schleimbeutel«, eine Bindegewebstasche, die mit schleimiger Flüssigkeit gefüllt ist. Häufig sieht man dies bei Zwingerhunden seitlich am Ellbogen.
BEHANDLUNG: Meist ist keine Behandlung nötig, denn es handelt sich oft um einen bloßen Schönheitsfehler. Wenn sich der Schleimbeutel aber entzündet und schmerzt, muß er vom Tierarzt behandelt werden.

Sehnen und Krallen

▸ Sehnenscheidenentzündung
SYMPTOME: Der Hund geht auf dem betroffenen Bein lahm, und man kann eine warme Schwellung fühlen.
URSACHE: Chronische Überlastung oder eine Verletzung des Beins verursachen die Sehnenscheidenentzündung.
BEHANDLUNG: Das Bein muß ruhiggestellt werden, notfalls durch Verbände oder Zwingerruhe. Der Tierarzt verabreicht entzündungshemmende Präparate. Die Sehnenscheide braucht 6 bis 8 Wochen zur Ausheilung, und man darf auf keinen Fall zu früh mit einer erneuten Belastung beginnen.

▸ Krallenverletzungen
SYMPTOME: Eine Kralle ist eingerissen oder gesplittert. Je nach Tiefe der Verletzung ist nur der Hornanteil oder das darunterliegende schmerzempfindliche und durchblutete Gewebe betroffen. Der Hund hat Schmerzen, beleckt und benagt die Kralle. Eventuell blutet sie sogar.
URSACHE: Meist ist der Hund mit der Kralle irgendwo hängengeblieben und hat sie sich aufgerissen. Manche Hunde haben sehr brüchiges Krallenhorn, so daß solche Verletzungen leicht passieren.
BEHANDLUNG: Wenn nur das unbelebte Horn betroffen ist, können Sie die Kralle bis zum Ende der Splitterung kürzen. Wenn die Verletzung tiefer geht und die Kralle stark eingerissen ist, muß die Wunde gründlich gesäubert werden. Ein Tierarzt sollte entscheiden, ob die Kralle gezogen werden muß. Er wird einen Verband anlegen, der die extrem schmerzempfindliche Zehe schützt.

▸ Wolfskrallen
SYMPTOME: Manche Hunde haben an der Mittelfußinnenseite des Hinterbeins eine zusätzliche Kralle, die man »Wolfskralle« nennt.
URSACHE: Es handelt sich um Überreste der fünften Zehe, die beim Urhund komplett vorhanden war. Die Wolfskralle kann einfach als Anhängsel der Haut ausgebildet sein, oder es sind noch kleine knorpelig-knöcherne Anteile der Zehe zu fühlen.
BEHANDLUNG: Falls den Hund die Kralle nicht stört, besteht kein medizinischer Grund, sie zu entfernen. Sie muß aber bei der Krallenpflege besonders beachtet werden. Das Horn der Wolfskralle wächst bei einigen Hunden besonders schnell und kann in die Haut einwachsen, wenn es nicht regelmäßig gekürzt wird.

Die Wolfskralle sollten Sie bei der Krallenpflege berücksichtigen.

Nerven, Ohren, Augen sowie Infektionen

Nerven, Ohren, Augen sowie Infektionen

Krankheiten des Nervensystems

▸ Gehirnerschütterung

SYMPTOME: Der Hund ist bewußtlos oder benommen, seine Bewegungen sind unkoordiniert, und er reagiert verzögert. Der Puls ist langsamer als gewöhnlich, die Pupillen reagieren auf Lichteinfall nicht oder auf beiden Seiten unterschiedlich.
URSACHE: Durch einen Schlag oder Fall auf den Kopf entstehen Blutungen oder Quetschungen im Gehirn. Je nachdem, welche Bereiche des Gehirns betroffen sind, kommt es zu mehr oder weniger schweren Ausfällen.
BEHANDLUNG: Der Hund muß sofort in tierärztliche Behandlung, um Spätfolgen möglichst zu vermeiden.

▸ Gehirnentzündung

SYMPTOME: Die Symptome sind davon abhängig, welche Teile des Gehirns erkrankt sind. Der Hund kann verändertes Verhalten, Koordinationsstörungen, Krämpfe oder Lähmungen zeigen.
URSACHE: Einige Bakterien- und Virusinfektionen (z.B. Tollwut) wirken sich besonders im Gehirn aus.
BEHANDLUNG: Vermutet man eine Gehirnentzündung, so sollte man den Tierarzt sofort aufsuchen. In vielen Fällen ist die Chance auf Heilung ungünstig.

▸ Epilepsie

SYMPTOME: Im epileptischen Anfall stürzt der Hund zu Boden, und der ganze Körper erbebt in Krämpfen. Die Beine führen Laufbewegungen aus, die Kiefermuskulatur verspannt sich, und die Atmung setzt zeitweise aus. Oft geht dem Anfall ein Stadium voraus, in dem der Hund unruhig ist und sich zu verkriechen versucht.
URSACHE: Epileptische Anfälle werden durch die verminderte Reizschwelle der Nervenverbindungen im Gehirn bewirkt. Die Ursache ist häufig unbekannt.
BEHANDLUNG: Die Epilepsie ist selten heilbar, aber mit Medikamenten recht gut unter Kontrolle zu halten.

Wenn akute Krampfstadien sehr lange andauern oder sich häufen, muß der Hund zum Tierarzt gebracht und sofort intensiv versorgt werden. Zur Langzeitbehandlung wird er medikamentell eingestellt. So können viele Hunde lange Zeit anfallsfrei leben.

Ohrenerkrankungen

▸ Blutohr

SYMPTOME: Eine Ohrmuschel schwillt innerhalb kurzer Zeit an. Beim Betasten merkt man, daß sie prall mit Flüssigkeit gefüllt ist. Bleibt das Ohr unbehandelt, geht die Schwellung langsam wieder zurück, und es entstehen häßliche narbige Einziehungen.

URSACHE: Beim Schütteln des Kopfes oder Kratzen am Ohr hat der Hund ein Blutgefäß im Ohr zerrissen, und die Ohrmuschel läuft zwischen den beiden Hautlappen voll Blut.

BEHANDLUNG: Je nach Größe des Blutergusses wird der Tierarzt dazu raten, ihn operativ zu beseitigen. Kleinere Blutergüsse werden mit Salben behandelt und heilen meist recht gut ab.

▸ Entzündung des äußeren Gehörgangs

SYMPTOME: Der Hund schüttelt den Kopf auffällig oft, kratzt sich häufig am Ohr oder reibt das Ohr an Sofa und Teppich. Typisch ist auch, daß er den Kopf mit dem erkrankten Ohr nach unten schief hält. Das Ohr riecht unangenehm und fühlt sich warm an. Es ist sehr berührungsempfindlich und in fortgeschrittenen Fällen so schmerzhaft, daß der Hund sich vehement wehrt, wenn man das Ohr untersuchen will. Im Ohr findet man braune, krümelig-schmierige Massen und Krusten, in schweren Fällen auch Blut oder Eiter.

URSACHE: Bevorzugt erkranken Hunde mit Hängeohren und dichtem Fell an den Ohren. Sehr oft sind Ohrmilben oder Fremdkörper, z.B. Getreidegrannen, die Ursache der Ohrentzündung. Aber auch unsachgemäße Pflege mit häufigem Ohrenputzen kann Entzündungen verursachen.

Die Entzündung kann bei fehlender Beachtung das Trommelfell befallen und bis auf das Mittelohr übergreifen.

BEHANDLUNG: Bringen Sie den Hund zum Tierarzt, er kann durch eine gründliche Ohruntersuchung die Ursache und das Ausmaß der Entzündung feststellen und behandeln. In chronischen und komplizierten Fällen kann eine Operation notwendig werden.

Oft hält der Hund den Kopf schief, wenn er eine Ohrenentzündung hat.

▸ Mittel- und Innenohrentzündung

SYMPTOME: Die Berührung des kranken Ohres tut dem Hund sehr weh. Er hält den Kopf schief und unterbricht das Kopfschütteln, weil schon die Bewegung schmerzt. Er läuft unsicher, in schweren Fällen kann er sich nur im Kreis bewegen.

URSACHE: Die häufigste Ursache ist eine Entzündung des äußeren Gehörgangs, die auf das Trommelfell übergreift und dieses schädigt. Wenn es reißt, dringt die Entzündung ins Mittelohr vor. Ist auch das Innenohr mit dem Gleichgewichtsorgan betroffen, kommt es zu den Bewegungsstörungen.

BEHANDLUNG: Der Hund gehört dringend in tierärztliche Behandlung.

Bei längerer Erkrankung kann die Entzündung zur Taubheit führen.

Der Tierarzt spült das Ohr in regelmäßigen Abständen mit einer entzündungshemmenden Lösung und verordnet die geeignete Ohrensalbe.

Augenerkrankungen

▸ Schielen

SYMPTOME: Ein oder beide Augen weichen in ihrem Blickwinkel von der normalen Blicklinie ab.
URSACHE: Verschiedene angeborene Ursachen oder Augenerkrankungen können zum Schielen führen.
BEHANDLUNG: Führt starkes Schielen beim Hund zu Bewegungseinschränkungen und Koordinationsstörungen, so kann der Tierarzt chirurgisch eingreifen. Dabei wird der Muskelstrang durchtrennt, der das Auge von der Blickachse ablenkt.

▸ Ektropium

SYMPTOME: Der untere Lidrand ist nach außen gedreht, so daß das Auge nicht vollständig geschlossen wird. Das Auge tränt, und die Bindehaut ist immer leicht entzündet.
URSACHE: Die Erkrankung ist bei vielen Rassen angeboren, kann aber auch nach einer Verletzung mit Vernarbung des Lides entstehen.
BEHANDLUNG: Die Korrektur ist durch operative Straffung des Lides möglich.

▸ Entropium

SYMPTOME: Das obere oder untere Lid kann betroffen sein. Jeweils ist der Lidrand nach innen eingerollt, so daß die Wimpern das Auge reizen. Infolgedessen ist das Auge entzündet und tränt. Der Hund reibt es mit den Pfoten oder an Gegenständen und verschlimmert so die Entzündung.
URSACHE: Häufig angeboren.
BEHANDLUNG: Eine Operation ist nötig, bei der der Tierarzt das Lid in seine normale Lage bringt.

▸ Bindehautentzündung

SYMPTOME: Die Lidbindehaut ist gerötet, geschwollen und schmerzhaft. Das Auge tränt und ist lichtempfindlich, die Nickhaut kann vorfallen.
URSACHE: Es gibt sehr viele Ursachen für die Bindehautentzündung (med.: Conjunctivitis): Zug beim Autofahren, Fremdkörper, Infektionen, Verletzungen, Allergien und andere mehr.
BEHANDLUNG: Der Tierarzt untersucht das Auge, um auszuschließen, daß die Entzündung auf den Augapfel übergegangen ist. Er behandelt den Hund mit Augensalbe, die Sie dann zu Hause mehrere Tage regelmäßig auftragen müssen. Manchmal ist es notwendig, dem Hund in den ersten Tagen der Behandlung einen Halskragen anzuziehen, um ihn am Kratzen zu hindern.

▸ Follikelkatarrh

Der Tierarzt spricht hierbei von »Conjunctivitis follicularis«. Es handelt sich um die häufigste erworbene Augenerkrankung junger Hunde.
SYMPTOME: Das Auge tränt, und bei der Untersuchung stellt der Tierarzt glasige Knötchen (Follikel) auf den Lidbindehäuten und der Rückseite der Nickhaut fest.
URSACHE: Es handelt sich oft um eine Virusinfektion oder um die Folgen von Zugluft oder anderen chronischen Reizen.

BEHANDLUNG: Der Tierarzt betäubt das Auge örtlich mit Tropfen und schabt mit einem scharfen Löffel die Bläschen weg, bis Blut austritt. Dann trägt er Augensalbe auf, mit der Sie noch einige Tage lang weiterbehandeln müssen.

▸ Hornhautentzündung

SYMPTOME: Ein Auge ist lichtempfindlich und wird weniger weit geöffnet als das gesunde. Bei genauerer Untersuchung ist eine Trübung der Linse zu sehen. Mit fluoreszierendem Farbstoff macht der Tierarzt eventuelle Verletzungen der Hornhaut sichtbar.
URSACHE: Verletzungen, Infektionen oder andere Reize können die Hornhaut schädigen.
BEHANDLUNG: Eine rasche und konsequente Behandlung ist notwendig, um zu verhindern, daß die oberflächliche Hornhautentzündung weiter in die Tiefe vordringt. Es kann sonst schließlich ein Loch entstehen, durch das die inneren Anteile des Auges vorfallen. Die Komplikationen können zum Verlust des Auges führen.

▸ Verätzungen

SYMPTOME: Die Lidbindehaut rötet sich, das Auge ist hochgradig schmerzhaft und tränt. Schnell entwickelt sich eine Entzündung der Bindehaut und Hornhaut mit Gewebszerfall.
URSACHE: Laugen oder Säuren, die dem Hund ins Auge spritzen, führen dort zu Verätzungen. Der Schaden, den das Auge nimmt, hängt stark von der ätzenden Substanz, von ihrer Konzentration und von der Zeit bis zur Behandlung ab.
BEHANDLUNG: Spülen Sie das Auge sofort für mindestens 15 Minuten mit Leitungswasser. In der Zwischenzeit sollte der Tierarzt informiert werden, damit der Hund möglichst schnell untersucht werden kann. Nehmen Sie das Etikett der ätzenden Substanz mit, oder notieren Sie die Inhaltsstoffe, dann kann der Tierarzt gezielt vorgehen.

▸ Fremdkörper im Auge

SYMPTOME: Der Fremdkörper steckt bevorzugt im unteren Bindehautsack oder spießt sich in die Hornhaut. Das Auge tränt, der Hund hält es geschlossen und reibt es an Gegenständen oder auf dem Boden.
URSACHE: Fremdkörper können Staub oder Sandkörnchen sein, Grannen, Holz- oder Metallsplitter und vieles mehr.
BEHANDLUNG: Falls Sie den Fremdkörper sehen und ihn leicht entfernen können, sollten Sie das tun. Danach und auch in allen Fällen, in denen der Fremdkörper nicht entfernt werden kann, muß der Hund dem Tierarzt vorgestellt werden. Das Auge wird gründlich untersucht, eventuelle Schäden und die Entzündung, die durch den Fremdkörper entstanden ist, werden behandelt.

▸ Vorfall des Augapfels

SYMPTOME: Durch Gewalteinwirkung rutscht der Augapfel aus seiner knöchernen Höhle und liegt teilweise oder ganz vor dem Gesicht. Das Gewebe schwillt schnell an, und der Hund hat starke Schmerzen.
URSACHE: Nicht selten kommt es bei Unfällen mit hartem Stoß gegen den Schädel zum Vorfall des Augapfels. Besonders gefährdet sind kurzschnäuzige Hunderassen.
BEHANDLUNG: Der Vorfall des Augapfels ist ein Notfall, der schnellstmöglich tierärztlich behandelt werden muß. Wenn die Behandlung sofort erfolgt,

kann das Auge eventuell gerettet werden. Bis der Hund beim Tierarzt eintrifft, sollten Sie das Auge mit einem kühlen, feuchten und fusselfreien Tuch abdecken.

Grauer Star, Katarakt

SYMPTOME: Die Linse, die hinter der Pupille liegt, ist rauchig getrübt und weniger durchsichtig als im gesunden Zustand. Die Trübung nimmt zu, bis die Linse milchig-weiß erscheint. Der Hund verliert durch diesen Prozeß mehr und mehr Sehkraft, er orientiert sich in bekannter Umgebung durch Nase und Tastsinn und ist in fremder Umgebung unsicher.

URSACHE: Die Erkrankung kann angeboren sein und kommt bei bestimmten Rassen gehäuft bereits beim jungen Hund vor. Sie kann aber auch durch verschiedene Erkrankungen und Entzündungen des Auges entstehen.

Bei vielen Hunden trübt sich die Linse ab dem 8. bis 10. Lebensjahr mehr oder weniger stark, ohne daß Beschwerden auftreten. Dieser Prozeß ist nicht als krankhaft anzusehen, sondern ein ganz normaler Alterungsprozeß.

Grüner Star und Hornhautverletzung

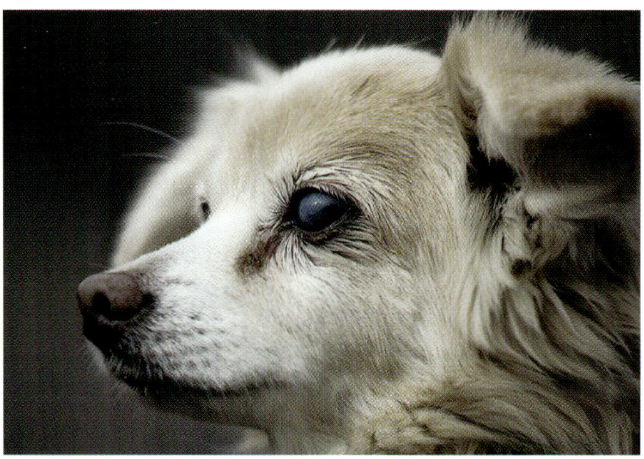

BEHANDLUNG: In vielen Fällen hilft eine Operation. Wenn die Erkrankung als Folge einer anderen Krankheit auftritt, muß zunächst die Grundkrankheit behandelt werden.

Grüner Star, Glaukom

SYMPTOME: Das Auge ist gerötet, lichtempfindlich und schmerzt. Die Pupille ist weit geöffnet und reagiert nicht auf Lichteinfall. Das erkrankte Auge vergrößert sich und steht aus der Augenhöhle vor.

URSACHE: Verschiedene Ursachen können bewirken, daß das Kammerwasser, die Gewebsflüssigkeit des Auges, nicht mehr abfließen kann. Dadurch erhöht sich der Druck im Auge, und es kommt zur Vergrößerung des Augapfels.

BEHANDLUNG: Es ist dringend tierärztliche Behandlung notwendig. Bleibt der erhöhte Druck bestehen, so kann der Hund erblinden. Der Tierarzt setzt Medikamente zur Drucksenkung ein. Wenn diese nicht ausreichend wirken, hilft eine Operation, mit der ein Abflußweg für das Kammerwasser geschaffen wird.

Netzhautablösung

SYMPTOME: Der Hund sieht schlechter und erblindet langsam. Dem Besitzer fällt dies durch das unsichere Verhalten seines Hundes auf. Der Patient bewegt sich zögernd und vorsichtig, zunächst nur bei Dämmerlicht, später dann auch bei heller Beleuchtung.

URSACHE: Verletzungen des Auges oder Entzündungen der Netzhaut sowie verschiedene Allgemeinerkrankungen können ein Ablösen der Netzhaut vom Augenhintergrund bewirken.

BEHANDLUNG: Wird die Erkrankung rechtzeitig behandelt, kann man ein Fortschreiten verhindern.

Infektionskrankheiten

Tollwut

SYMPTOME: Es kommt zu Wesensveränderungen, ruhige Tiere werden nervös und aggressiv. Scheinbar grundlos greifen sie Menschen und andere Hunde an. Ebenfalls gelten Speicheln sowie im Endstadium Lähmungserscheinungen als untrügliche Anzeichen. Die Krankheit verläuft immer tödlich.

URSACHE: Das Tollwutvirus wird im Speichel ausgeschieden und gelangt durch einen Biß in den Körper des anderen Tieres. Die Inkubationszeit beträgt bis zu einigen Monaten, nach Auftreten der ersten Symptome stirbt der Hund innerhalb weniger Tage.

BEHANDLUNG: Das tödliche Virus ist auf den Menschen übertragbar (Zoonose), und man muß im Umgang mit einem tollwutverdächtigen Tier größte Vorsicht walten lassen. Die Erkrankung ist als anzeigepflichtige Tierseuche eingestuft, und jeder, der einen Tollwutverdacht hat, muß ihn dem Veterinäramt melden. Eine Behandlung des erkrankten Tieres ist verboten. Der beste und sicherste Schutz ist die jährliche Tollwutimpfung.

Staupe

SYMPTOME: Staupe tritt in verschiedenen Formen auf.

Bei der Atemwegsform hat der Hund verkrustete Nasenöffnungen, Husten und Lungenentzündung. Die Magen-Darm-Form zeigt sich durch Erbrechen und Durchfall mit schneller Austrocknung. Tritt die Staupe während des Zahnwechsels auf, kommt es zu Zahnschmelzveränderungen, dem sogenannten »Staupegebiß«. Die nervöse Form der Staupe geht mit Gehirn- und Nervenentzündungen einher, die sich in Krämpfen oder psychischen Störungen zeigen können. Die einzelnen Formen können nach- oder miteinander auftreten. Meist kommt es zu Beginn der Erkrankung zu einem Fieberschub, der dann nachläßt und nach 2 bis 7 Tagen nochmals auftritt.

URSACHE: Der Staupeerreger ist das Paramyxovirus. Es wird über Maul oder Nase aufgenommen und mit Kot, Urin, Speichel, Augen- und Nasensekret ausgeschieden. Die Inkubationszeit beträgt 3 bis 6 Tage.

BEHANDLUNG: Die beste Vorsorge ist die regelmäßige Impfung nach einem konsequenten Impfplan. Ist der Hund erkrankt, kann man ihn nur symptomatisch behandeln. Die Heilungsaussichten sind aber stets fraglich.

Ansteckende Leberentzündung

Der Fachausdruck für die Erkrankung heißt Hepatitis contagiosa canis (H.c.c.).

SYMPTOME: Junghunde sterben nach der Infektion rasch, ohne irgendwelche Symptome zu zeigen. Erwachsene Hunde haben Mandelentzündung, Blutungen in verschiedenen Organen, Lungenentzündung, Durchfall und eine stark vergrößerte und entzündete Leber.

URSACHE: Das Canine Adenovirus I ist der Erreger der Ansteckenden Leberentzündung. Das Virus wird über Maul und Nase aufgenommen, dann folgt eine Inkubationszeit von 2 bis 5 Tagen. Der Hund scheidet den Erreger über mehrere Wochen und Monate über Speichel, Harn und Kot aus.

BEHANDLUNG: Die regelmäßige Impfung schützt Ihren Hund zuverlässig vor der Erkrankung.

▸ Parvovirose, »Hundeseuche«

SYMPTOME: Der Krankheitsverlauf hängt stark vom Alter und der Abwehrlage des Körpers ab, am schwersten erkranken junge Hunde bis zu 6 Monaten. Hauptsymptom ist der wäßrig-blutige Durchfall, der zur Austrocknung und Entkräftung des gesamten Körpers führt. Damit verbunden ist meist Erbrechen und hohes Fieber. Das Virus greift die Herzmuskulatur an, so daß es zu plötzlichem Tod durch Herzversagen kommen kann.

URSACHE: Das Canine Parvovirus wird mit dem Kot ausgeschieden und beim Schnuppern und Belecken von anderen Hunden über das Maul aufgenommen. Die Inkubationszeit beträgt 7 bis 14 Tage.

BEHANDLUNG: Durch regelmäßige Impfung kann der Erkrankung vorgebeugt werden.

▸ Leptospirose, Stuttgarter Hundeseuche

SYMPTOME: Der Hund hat Fieber, dazu kommen starkes Erbrechen und Durchfall, eventuell mit Blut. Je nachdem, welche Organe von der Infektion befallen werden, entwickelt sich eine Leberschädigung mit Gelbsucht, eine Nierenentzündung oder innere Blutungen.

URSACHE: Leptospiren sind Bakterien, die über Speichel und Urin von einem Tier auf das andere, aber auch auf den Menschen übertragen werden. Die Inkubationszeit beträgt 4 bis 12 Tage. Ein Erregerreservoir bilden Mäuse und Ratten.

BEHANDLUNG: Eine Behandlung durch Antibiotika ist möglich, die beste Vorbeuge ist jedoch die regelmäßige Schutzimpfung gegen Leptospirose.

Wenn viele Hunde auf engem Raum zusammentreffen, ist das Ansteckungsrisiko groß.

Zwingerhusten

SYMPTOME: Die erkrankten Hunde husten, haben Nasenausfluß, können aber auch Lungenentzündung mit hohem Fieber entwickeln.

URSACHE: Der Zwingerhusten ist keine einheitliche Erkrankung, sondern eine Infektion mit verschiedenen Viren und Bakterien. Sie befällt besonders Hunde, deren Abwehrkräfte geschwächt sind, weil sie z.B. durch Ausstellungen oder Wettkämpfe gestreßt sind. Die Krankheitserreger werden beim Husten durch eine Tröpfcheninfektion übertragen, die Inkubationszeit beträgt bis zu einem Monat.

BEHANDLUNG: Die vorbeugende Impfung gegen Zwingerhusten ist möglich und heute bereits in vielen Kombinationsimpfstoffen enthalten.

Tetanus, Wundstarrkrampf

SYMPTOME: Der Hund hat Muskelkrämpfe, die am Kopf beginnen, typisch ist eine Faltenbildung auf der Stirn. Im weiteren Verlauf der Erkrankung wird der ganze Körper von den Krämpfen betroffen, der Hund kann nicht mehr kauen und schlucken, geht steif und »unbeholfen« und steht mit gestreckten Beinen in »Sägebockstellung«. Die Krampfneigung erhöht sich bei Aufregung durch Lärm oder Beunruhigung des Patienten.

URSACHE: Tetanus wird durch die Giftstoffe des Bakteriums Clostridium tetani verursacht. Der Erreger gelangt über verschmutzte Wunden in den Körper, die Inkubationszeit beträgt 5 bis 14 Tage.

BEHANDLUNG: Der Tierarzt verabreicht ein Immunserum und gibt hochdosiert Penicillin. Der Hund muß bis zum Abklingen der Krämpfe künstlich ernährt werden und braucht eine ruhige, abgedunkelte Umgebung. Wenn er die erste Woche nach Erkrankungsbeginn überlebt, hat er gute Chancen, wieder zu genesen.

Vorbeugend sollte man noch so kleine Wunden gründlich reinigen und im Zweifelsfall tierärztlich behandeln lassen.

Ernährung bei Fieber

- Durch hohe Körpertemperatur erhöhter Flüssigkeitsbedarf: Immer Wasser bereitstellen.
- Bei fehlendem Appetit Fleischbrühe oder Babykost anbieten.
- Erhöhter Vitaminbedarf: Tabletten oder Pasten zufüttern.

Aujeszkysche Krankheit, Pseudowut

SYMPTOME: Der Hund verhält sich merkwürdig unruhig und hat hohes Fieber. Dann beginnt er zu speicheln, bekommt Schluckbeschwerden und hat Bewegungsstörungen. Typisch für die Erkrankung aber ist der starke Juckreiz, der Hund beißt und kratzt sich wund und blutig. Innerhalb von ein bis zwei Tagen verendet der Hund unter Bewußtseinsstörungen und Krämpfen.

URSACHE: Der Erreger der Aujeszkyschen Krankheit ist das Herpes-suis-Virus. Über den Kontakt mit Schweinenoder die Aufnahme von rohem Schweinefleisch infiziert sich der Hund. Nach einer Inkubationszeit von 2 bis 9 Tagen bricht die Krankheit aus.

BEHANDLUNG: Eine Behandlung ist nicht möglich, die Krankheit verläuft stets tödlich. Sie ist eine anzeigepflichtige Seuche und muß dem Veterinäramt gemeldet werden. Für Menschen ist diese Seuche ungefährlich.

▸ Borreliose

SYMPTOME: Der Hund bewegt sich ungern, hat Fieber, ist apathisch und frißt schlecht. Bei der Untersuchung der Gelenke fällt deren Schmerzhaftigkeit auf.

URSACHE: Borrelia burgdorferi ist ein Bakterium, das von Zecken übertragen wird. Einige Wochen bis Monate nach dem Zeckenbiß entstehen Gelenkentzündungen in mehreren Gelenken, häufig im Knie. Für den Tierarzt ist deshalb der Hinweis wichtig, daß der lahmende Hund von Zecken befallen war.

BEHANDLUNG: Der Tierarzt setzt Antibiotika ein, um die Erreger abzutöten. Man kann der Borreliose vorbeugen, indem man den Hund vor Zeckenbissen schützt.

▸ Leishmaniose

SYMPTOME: Man unterscheidet die Leishmanieninfektion der inneren Organe und die Hautleishmaniose. Hierbei macht der Hund einen matten Eindruck, kann fiebern und abmagern. Typischerweise wird die Haut auf dem Nasenrücken, an den Ohren und um die Augen herum befallen. Die Haare fallen aus, und es bilden sich große weiße Schuppen. Juckreiz besteht nicht. Die entzündete Haut neigt dazu, rissig zu werden und zu eitern.

Die Organleishmaniose kann Milz und Leber befallen, Bauchschmerzen, blutigen Kot und Urin sowie Muskelschwäche und -entzündung verursachen.

URSACHE: Leishmanien sind Einzeller, die in südlichen Ländern (Urlaub am Mittelmeer!) von blutsaugenden Insekten übertragen werden. Die Krankheit tritt oft erst Monate nach dem Insektenstich auf, dies muß bei der Diagnosefindung bedacht werden. Gelegentlich wird eine Infektion über Hautsekret beobachtet, die auch den Menschen befallen kann.

BEHANDLUNG: Die Behandlung der Leishmaniose ist schwierig, langwierig und kostspielig. Oft tritt nach vorübergehender Besserung ein erneuter Krankheitsschub auf.

Man muß sich deshalb gut überlegen, ob man seinen Hund in den Urlaub in gefährdeten Gebieten mitnehmen will.

▸ Babesiose

SYMPTOME: Der Patient hat hohes Fieber (bis 42°C) und ist entsprechend matt und schwach. Die Schleimhäute sind blaß oder gelblich gefärbt, der Harn rotbraun.

URSACHE: Babesien sind Einzeller, die in tropischen Regionen, aber auch im Mittelmeergebiet von Zecken übertragen werden. Die Inkubationszeit beträgt 10 Tage bis 3 Wochen. Die Erreger gelangen ins Blut und zerstören die roten Blutkörperchen.

BEHANDLUNG: Je nach Schwere des Falls ist eine medikamentelle Bekämpfung der Parasiten oder auch eine Bluttransfusion mit intensiver Nachbehandlung notwendig.

Es gibt Medikamente, die vor Auslandsreisen vorbeugend gegen eine Babesieninfektion gegeben werden können.

Krankenpflege und Erste Hilfe

Krankenpflege und Erste Hilfe

Der kranke Hund braucht wie ein menschlicher Patient besondere Zuwendung und Pflege.

Ob es nur ein kleines »Wehwehchen« oder aber eine ernsthafte und langwierige Erkrankung ist, der Hund weiß nicht, warum er zu den Schmerzen noch unangenehme Tierarztbesuche, Untersuchungen und Behandlungen ertragen muß. Bleiben Sie bei ihm, solange es während der Behandlung in der Tierarztpraxis möglich ist. Nehmen Sie sich besonders viel Zeit, wenn Ihr Patient daheim genesen darf.

Achten Sie darauf, daß der kranke Hund einen Platz hat, wo er in Ruhe und ungestört liegen kann. Dieser Platz sollte mit einer dicken Decke oder Schaumstoffmatte gut gegen Kälte von unten geschützt und außerdem zugfrei gelegen sein. Die meisten Hunde lieben es, mit den Augen verfolgen zu können, was in ihrer Familie vor sich geht. Trotzdem sollte das Krankenlager nicht mitten im größten Trubel aufgebaut werden. Zu Fragen über Pflege, Auslauf und Nachbehandlung des Hundes wird Ihnen Ihr Tierarzt ausführliche Anweisungen geben. Scheuen Sie sich nicht, nachzufragen. Der Tierarzt weiß, daß die Situation für Sie ungewöhnlich ist, und hat für Ihre Fragen Verständnis. Bei besonderen Maßnahmen wird er Ihnen gegebenenfalls schriftliche Pflegeanleitungen mit nach Hause geben.

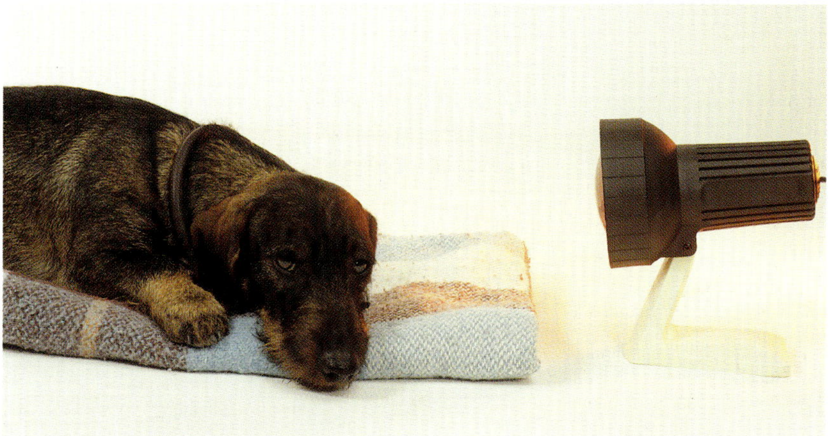

Gleichmäßig und angenehm warm wird das Krankenlager durch eine Wärmelampe mit Rotlichtbirne. Aufhängung in ca. 1m Höhe, auf sichere Befestigung achten, häufige Temperaturkontrolle, wenn der kranke Hund der Wärme nicht ausweichen kann.

Eingabe von Medikamenten

Es ist sehr wichtig, daß der kranke Hund die Medikamente, die der Tierarzt verordnet hat, regelmäßig und in der richtigen Dosierung einnimmt. Sie dürfen vor allem nicht den Fehler machen, eine begonnene Therapie abzubrechen, weil es dem Hund schon viel besser geht. Bei manchen Medikamenten hat das fatale Folgen, z.B. werden Bakterien resistent gegen Antibiotika, wenn man die Behandlung nicht lang genug durchführt.

TIP

Einige Hunderassen vertragen bestimmte Medikamente überhaupt nicht und dürfen damit nicht behandelt werden. Die Unverträglichkeit erwerben leider auch Mischlinge dieser Rassen. Informieren Sie deshalb den Tierarzt über die Elternrassen Ihres Mischlings, soweit sie Ihnen bekannt sind.

TABLETTEN/DRAGEES/KAPSELN ▸ Die meisten Medikamente werden als Tabletten oder Dragees angewandt.

Manche Hunde nehmen sie ganz unproblematisch ein, vor allem, wenn danach eine Leckerei folgt. Andere kann man überlisten, indem man das Medikament in ein Stückchen Leberwurst eindrückt und dem Hund so zu fressen gibt.

Oftmals hat ein kranker Hund sowieso keinen Appetit, ist besonders wählerisch und verschmäht sogar Leckereien. Dann müssen Sie ihm die Tablette direkt ins Maul eingeben.

Öffnen Sie das Maul des Hundes, und schieben Sie die Tablette mit einem Finger weit nach hinten auf den Zungengrund. Dadurch wird der Schluckreflex ausgelöst, und der Hund schluckt die Tablette ab. Wenn Sie sichergehen wollen, halten Sie dem Hund noch einen Moment das Maul zu und massieren seinen Kehlkopf leicht.

Haben Sie die Tablette auf der Zunge nicht weit genug nach hinten geschoben, spuckt der Hund sie meist wieder aus. Eventuell behält er sie sogar kurze Zeit im Maul und läßt sie in einem unbeobachteten Moment wieder hinausfallen. Beobachten Sie ihn deshalb nach der Tabletteneingabe immer noch ein wenig, bis Sie sicher sind, daß die Tablette da ist, wo sie hingehört.

Man kann Tabletten auch zerkleinern und in etwas Wasser aufgelöst eingeben, wie bei »Flüssigkeiten« beschrieben.

PASTE ▸ Viele Medikamente in Pastenform werden vom Hersteller mit Geruchs- und Geschmacksstoffen versetzt, so daß sie vom Hund gern aufgenommen werden.

Versuchen Sie also zuerst, ob Ihr Hund die Paste leckt, ohne daß Sie sie ihm eingeben müssen. Im anderen Falle können Sie die Paste unter eine kleine Portion Futter oder Wurst mit starkem Eigengeschmack mischen und dem Hund anbieten. Nimmt er auch dieses nicht, so bleibt nur noch die Möglichkeit, die Paste portionsweise mit dem Finger ins Maul zu streichen.

FLÜSSIGKEIT ▸ Kleine Mengen flüssiger Medizin kann man mit einem Plastiklöffelchen ins Maul eingeben. Einige flüssige Medikamente werden mit einer Tropfpipette geliefert, mit der die Flüssigkeit gut zu dosieren ist. Dazu hebt man die unteren Lefzen am Maulwinkel etwas an und träufelt die Flüssigkeit in die Tasche, die sich so bildet.

Muß der Hund mehr als einige Tropfen Saft oder Suspension einnehmen, so bitten Sie Ihren Tierarzt, Ihnen eine Plastikspritze mitzugeben. Damit können Sie die Flüssigkeit millilitergenau abmessen und recht einfach eingeben.

Halten Sie den Kopf des Hundes gerade und sein Maul leicht geöffnet. Dann träufeln Sie mit der Spritze das Medikament nach und nach ins Maul. Strecken Sie den Kopf des Hundes nicht zu stark nach oben, und geben Sie nicht zuviel Flüssigkeit auf einmal ein. Sonst besteht die Gefahr, daß der Hund sich verschluckt und die Flüssigkeit in die Lunge gerät. Die Spritze wird zwischendurch immer wieder abgesetzt, um dem Hund Zeit zum Schlucken zu geben.

GLOBULI ▸ Viele homöopathische Arzneimittel werden in Form von Globuli, das sind kleine Kügelchen, angewandt. Die Globuli soll der Hund nicht schlucken, sondern langsam im Mund zergehen lassen. Dies erreicht man, indem man die nur 1 bis 2 mm großen Kügelchen unter die Oberkieferlefze schiebt. Sie haften dort zwischen Zahnfleisch und Lefze und lösen sich langsam auf.

ZÄPFCHEN ▸ Zäpfchen bestehen aus einer fetthaltigen Grundlage, die sich im Enddarm durch die Körperwärme verflüssigt und den Wirkstoff des Medikaments freigibt. Dieser wird über die Darmschleimhaut ins Blut aufgenommen. Bevor man Zäpfchen eingibt, sollte der Hund Kot abgesetzt haben, denn er darf danach etwa eine Stunde keinen Stuhlgang haben.

Die Verabreichung von Zäpfchen erfolgt ähnlich wie das Fiebermessen. Eine Person lenkt den Hund etwas ab, streichelt ihn am Kopf und kann ihn notfalls auch am Weglaufen oder Beißen hindern. Die andere Person hebt den Schwanz des Hundes an und schiebt das Zäpfchen mit der Spitze voran vorsichtig in den Anus ein. Wenn der Widerstand des Schließmuskels überwunden ist, gleitet das Zäpfchen in den Enddarm. Um zu verhindern, daß der Hund es gleich wieder nach außen preßt, sollte man den Schwanz mit der flachen Hand noch einen Moment leicht gegen den Po drücken.

AUGENSALBE, AUGENTROPFEN ▸ Die Behandlung der Augen erfolgt am besten zu zweit. Eine Person hält den Kopf des Hundes sicher, dabei spricht sie beruhigend auf den Hund ein. Die andere Person zieht das untere Lid leicht nach unten und drückt die Salbe aus der Tube in einem Strang in den Lidbindesack. Mit Augentropfen verfährt man ähnlich. Sie sollten darauf achten, mit der Tube oder dem Fläschchen das Auge nicht zu berühren. Zum einen besteht die Gefahr, das Auge zu verletzen, zum anderen kann das Medikament durch Kontakt mit dem entzündeten Gewebe verunreinigt werden.

Salbe oder Tropfen müssen im Auge nicht verrieben werden, durch die Körperwärme und die Lidbewegung verteilt sich der Wirkstoff optimal. Durch Einreiben wird das Auge nur zusätzlich gereizt.

OHRENSALBE, OHRENTROPFEN ▸ Gerade bei Ohrenentzündung ist die Nachbehandlung des Hundes zu Hause besonders wichtig. Nach Anweisung des Tierarztes, meist zweimal täglich, müssen Tropfen in das entzündete Ohr eingebracht werden. Auch hier erleichtern Sie sich die Arbeit, wenn Sie zu zweit sind und eine Person den Kopf des Hundes gut festhalten kann. Sie greifen dann die Ohrmuschel mit einer Hand und ziehen sie leicht nach oben. Dadurch streckt sich der Gehörgang, und die Tropfen, die Sie einträufeln, können bis in die Tiefe gelangen. Um die eingebrachten Tropfen besser zu verteilen, massieren Sie dann leicht den Bereich unterhalb der Ohrmuschel, wo der Gehörgang in die Tiefe zieht. Sie hören an einem leise schmatzenden Geräusch, daß Sie richtig massieren.

Nach der Eingabe der Tropfen will sich der Hund sofort schütteln. Lassen Sie das nicht zu, denn er schleudert dann die Ohrentropfen gleich wieder aus. Halten Sie seinen Kopf noch ein bißchen ruhig zwischen Ihren Händen, oder lenken Sie den Hund mit Spielen oder einer kleinen Belohnung so gut wie möglich vom Schütteln ab.

Vor der nächsten Tropfbehandlung kontrollieren Sie erst, ob sich durch das Medikament und das Kopfschütteln Sekret oder Krusten aus der Tiefe nach oben gelöst haben. Entfernen Sie mit einem fusselfreien Tuch die verklebten Massen und auch Reste des Medikaments von der letzten Anwendung. Säubern Sie das Ohr bitte immer nur mit dem Tuch auf dem Finger, nicht mit Wattestäbchen oder anderen spitzen Gegenständen!

SALBE, PUDER, SHAMPOOS ▸ Zur Behandlung der Haut werden Medikamente in Form von Salben, Puder und Shampoos eingesetzt. Ihr Tierarzt entscheidet, welches Präparat für Ihren Hund geeignet ist, und gibt Ihnen zur Behandlung daheim entsprechende Vorräte mit. Denken Sie daran, daß die Medikamente auch in Ihre Haut eindringen können, und tragen Sie Handschuhe oder waschen sich die Hände nach der Behandlung gründlich.

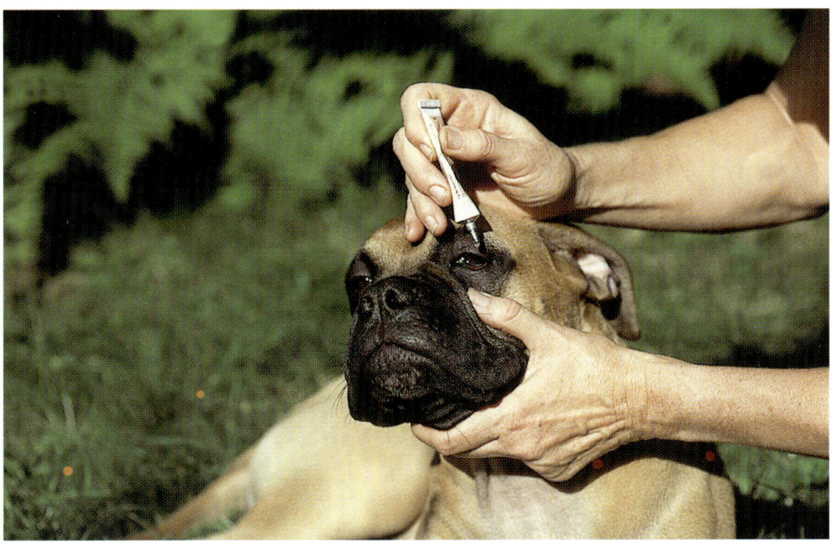

Beim Auftragen der Augensalbe sollte man das Auge nicht mit den Fingern berühren.

Bei allen Medikamenten, die auf die Haut gebracht werden, muß man verhindern, daß der Hund sie ableckt. In der Regel wird er versuchen, sich von dem ungewohnten Wirkstoff zu »befreien«, und leckt, sobald er losgelassen wird, alles wieder weg. Lenken Sie den Hund ab, indem Sie z.B. Medikamente vor dem Spaziergang auftragen oder ihn gleich nach der Behandlung füttern. Läßt der Hund das Lecken nicht, so muß er einen Halskragen tragen.

Info

In der Apotheke erhalten Sie günstig dünne Einmalhandschuhe. Da es sie im 100er Pack gibt, lohnt es sich, diese vorbeugend einzukaufen. Man kann sie ja auch für andere Zwecke, z.B. im Haushalt, gut gebrauchen.

VORSICHT BEI EIGENBEHANDLUNG ▸ Verwenden Sie keine Medikamente auf eigene Faust! Selbst wenn Sie noch Reste von Medikamenten zu Hause haben, »die beim letzten Mal gut geholfen haben«, sollten Sie vorsichtig sein. Wenn Sie nicht genau wissen, was Ihrem Hund fehlt, kann es schaden, die vorhandenen Medikamente »auszuprobieren«. Eventuell verschleiern Sie damit auch die Krankheitssymptome, und der Tierarzt kann keine genaue Diagnose stellen.

Das gleiche gilt für Medikamente aus der Humanmedizin, eventuell aus Ihrer eigenen Hausapotheke. Manches Präparat, das Ihnen ausgezeichnet hilft, kann für Ihren Hund Gift sein! Andere Arzneien für Mensch und Hund enthalten zwar den gleichen Wirkstoff, doch die Dosierung läßt sich nicht einfach entsprechend dem Gewicht berechnen, sondern ist den unterschiedlichen Stoffwechseln angepaßt. Stellen Sie Ihren Hund dem Tierarzt vor, und verwenden Sie nur die Medikamente, die er verordnet! Wenn Sie vermuten, daß Sie das Passende zu Hause haben, nennen Sie dem Tierarzt Namen und Wirkstoff, so daß er Sie beraten kann, ob und wie Sie es dem Hund verabreichen können.

▸ Die Sache mit dem Halskragen

Der Tierarzt oder seine Helferin suchen den Halskragen in der geeigneten Größe für Ihren Hund aus. Erschrecken Sie nicht über die Dimensionen des Kragens, er muß über die Schnauze des Hundes hinausragen, um seine Funktion zu erfüllen. Der Kragen besteht aus einem halbkreisförmigen kräftigen Plastikmaterial, das Ösen und Schlaufen für die individuelle Anpassung hat. Er wird zu einer Tüte gebogen und nach Hals- und Kopfmaßen Ihres Hundes befestigt. Dabei hilft Ihnen das Praxispersonal sicherlich, denn anfangs sieht alles sehr kompliziert aus.

Ist der Kragen einmal eingestellt, so müssen Sie ihn nicht mehr auseinandernehmen, sondern können ihn über den Kopf des Hundes an- und abstreifen. Durch die Schlaufen am Halsteil des Kragens wird das Halsband gezogen und gerade so fest verschnallt, daß der Hund sich den Kragen nicht allein ausziehen kann.

Anfangs sieht der Hund wirklich mitleiderregend aus und stößt mit dem Kragen überall an. Aber machen Sie nicht den Fehler, den Kragen zu früh abzunehmen. Der Hund gewöhnt sich relativ rasch an die Ausmaße des Halskragens und kann schon bald seinen Platzbedarf recht genau abschätzen.

Zum Fressen, beim Spaziergang und wenn der Hund unter Beobachtung ist, dürfen Sie den Kragen abnehmen, doch lassen Sie den Hund ohne Kragen nicht aus den Augen! Es kommt immer wieder vor, daß langwierige Behandlungserfolge in ein paar Minuten zunichte gemacht werden, weil der Hund in einem unbeobachteten Augenblick Operationsnähte oder Wunden aufbeißt oder -leckt.

Operationsvorbereitung und -nachsorge

Wenn der Hund nicht überraschend, z.B. nach einem Unfall, operiert werden muß, kann man ihn auf die Operation vorbereiten.

Ihr Tierarzt wird Ihnen alles Wichtige zum Ablauf der Operation erklären. Wahrscheinlich kann er auch schon abschätzen, wie lange die Operation dauert, wenn alles normal läuft, und wie lange der Hund danach noch in der Praxis bleiben muß. Er untersucht den Patienten auf seine Narkosefähigkeit, wobei er besonders eingehend die Herztätigkeit und den Kreislauf beurteilt. Eventuell wird auch eine Blutprobe untersucht. Je nach Alter und Allgemeinzustand des Hundes sowie Lokalisation und Dauer des Eingriffs wählt der Tierarzt die geeignete Narkose.

Am Tag vor der Operation darf der Patient nachmittags eine kleine Mahlzeit zu sich nehmen, danach muß er nüchtern bleiben. Dies ist wichtig, weil viele Narkosemittel Brechreiz hervorrufen und bei einem gefüllten Magen die Gefahr besteht, erbrochenes Futter einzuatmen. Wasser dürfen Sie dem Hund aber bis zum Morgen der Operation anbieten.

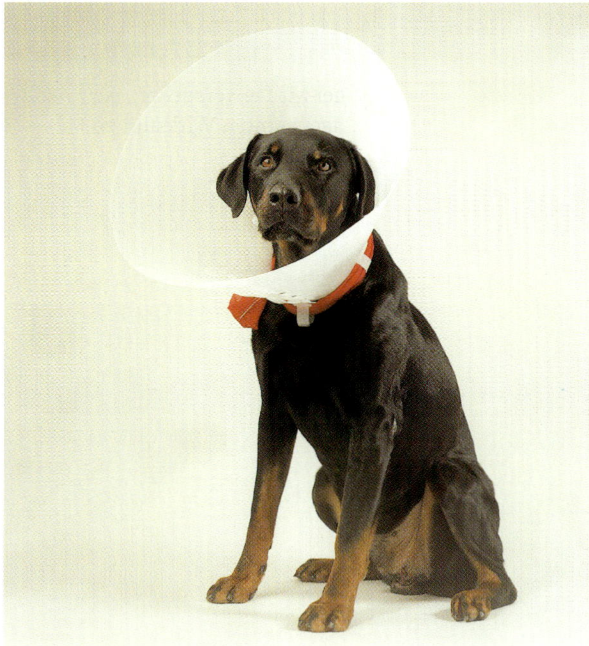

Mit dem Halskragen kommt der Hund nach kurzer Eingewöhnung gut zurecht.

Gehen Sie vor der Fahrt zum Tierarzt noch mit dem Hund Gassi, damit er sich lösen kann. Achten Sie aber bitte darauf, daß er sich nicht stark verschmutzt, denn dadurch werden die Operationsvorbereitungen (Säubern und Scheren des OP-Feldes) unnötig verlängert.

Zum Operationstermin sollten Sie Ihren Hund in die Praxis begleiten und möglichst bei ihm bleiben, bis die Narkosespritze wirkt. Hat der Hund eine vertraute Person bei sich, bleibt er ruhiger, und die Narkose setzt schneller ein, als wenn er sich sehr aufregt.

Nach kleineren und Routineeingriffen können Sie den Hund wahrscheinlich abholen, sobald er aufgewacht ist. Es ist gut möglich, daß Ihr Hund von den Nachwirkungen der Narkose noch etwas wacklig auf den Beinen ist.

Führen oder tragen Sie ihn zum Auto, und heben Sie ihn hinein. Lassen Sie ihn nicht frei laufen, denn er ist noch unsicher in seinen Reaktionen. Idealerweise kommen Sie zu zweit, eine Person kann sich dann während der Fahrt um den Hund kümmern. Zu Hause haben Sie bereits ein zugfreies Lager vorbereitet, wo der Hund warm und ungestört liegen kann. Es kann gut sein, daß er jetzt nochmals einige Stunden schläft, obwohl er beim Tierarzt schon einen sehr wachen Eindruck gemacht hat. Decken Sie ihn dann mit einer leichten Decke zu und kontrollieren Sie ab und zu, ob sein Körper warm ist. Vergewissern Sie sich auch, daß er regelmäßig atmet. Zur Kreislaufkontrolle können Sie den Puls und die Farbe der Schleimhäute überprüfen.

Wenn der Hund aufwacht, hat er meist noch Gleichgewichtsstörungen, taumelt und stürzt bei Aufstehversuchen zu Boden. Es ist gut, wenn Sie in dieser Zeit bei ihm sind, damit er sich nicht verletzt. Er darf in diesem Zustand noch nicht fressen oder trinken, denn er könnte sich sonst verschlucken.

Erst wenn er völlig wach ist, darf er kleine Schlucke Wasser zu sich nehmen. Futter bekommt er erst am nächsten Tag. Die erste Mahlzeit besteht aus der halben normalen Ration, dann wird die Menge langsam gesteigert.

Der frisch operierte Hund braucht in den nächsten Tagen ein bißchen mehr Aufmerksamkeit als gewöhnlich und sollte möglichst nicht den ganzen Tag alleingelassen werden. Achten Sie vor allem darauf, daß er an der Operationswunde nicht leckt oder kratzt. Nehmen Sie vom Tierarzt vorsorglich einen Halskragen mit, denn meist beginnt die Wunde nach ein paar Tagen zu jucken, und der Hund will durch Kratzen darauf reagieren. Lassen Sie Ihren Patienten nur kurz nach draußen, damit er sein Geschäft verrichten kann. In den ersten Tagen nach der Operation darf er nur an der Leine hinaus und langsam eine kleine Strecke gehen. Vielleicht fühlt er sich schon wieder bestens, doch bei wilden Sprüngen oder Spielen besteht anfangs noch die Gefahr, daß die Wunde wieder aufreißt. Nach 10 Tagen werden meist die Fäden gezogen, dann ist das Gewebe unter der Naht verheilt, und der Hund darf wieder ungehindert herumtollen.

▸ Erste Hilfe

Der Hund, der seine Familie in allen Situationen begleitet, ist auch vielfältigen Gefahren ausgesetzt. Im Straßenverkehr, im Zusammentreffen mit anderen Hunden oder bei den unterschiedlichsten Freizeitaktivitäten – überall treten Situationen auf, in denen es zu Verletzungen oder anderen ernsten Erkrankungen kommen kann. Es ist wichtig zu wissen, wie man sich in diesen Situationen verhalten muß, um dem Hund zu helfen und eine Verschlimmerung zu vermeiden, bis die tierärztliche Behandlung einsetzt.

Dieses Kapitel kann und will nur einen knappen und allgemeinen Überblick zur Ersten Hilfe geben. Sicher und vertraut mit den wichtigsten Handgriffen und Behandlungen werden Sie nur, wenn

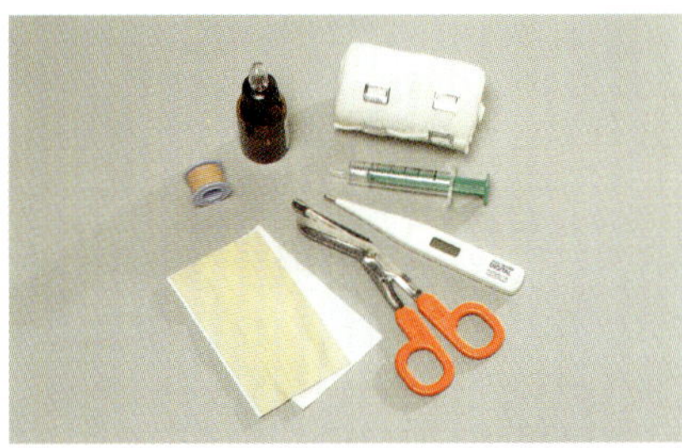

In der Hundeapotheke hat man das Wichtigste für die Erstversorgung beisammen.

Sie sie üben können. Dazu können Sie einen Erste-Hilfe-Kurs für Hunde belegen. Immer mehr Tierärzte bieten solche Kurse an, eventuell fungiert die Volkshochschule oder der örtliche Hundesportverein als Ausrichter.

DER VERLETZTE HUND ▸ Nähern Sie sich dem verletzten Hund ruhig und vorsichtig. Ist er bei Bewußtsein, so müssen Sie sein Verhalten genau beobachten. Wenn ein Hund Schmerzen hat, kann er völlig anders reagieren als im gesunden Zustand. Eventuell ist er ängstlich und versucht davonzulaufen. Reden Sie beruhigend auf ihn ein, und gehen Sie langsam auf ihn zu, bis Sie ihn berühren können. Aber Vorsicht: Ein verletzter Hund hat Schmerzen und kann plötzlich zubeißen, auch wenn er sonst lammfromm ist.

Es sollte ihnen auch auffallen, wenn der Hund zwar keine sichtbaren Verletzungen hat, aber nach dem Unfall deutlich ruhiger als sonst ist und apathisches Verhalten zeigt. Dies kann ein Hinweis auf innere oder Schädelverletzungen sein und bedarf der weiteren Abklärung.

Bei einem schwerverletzten Hund kontrollieren Sie zuerst die Vitalfunktionen, das sind Atmung und Herz-Kreislauf-System (Schleimhäute, Puls, Herzspitzenstoß).

Ist der Hund bewußtlos, legen Sie ihn flach auf die Seite und strecken Kopf und Hals nach vorn, um die Atmung zu erleichtern. Öffnen Sie das Maul, und ziehen Sie die Zunge seitlich zwischen den Zähnen heraus. So verhindert man, daß die Zunge im Rachen den Zugang zur Luftröhre blockiert. Blutet der Hund im Maul- oder Nasenbereich, bettet man den Körper mit Jacken oder Decken etwas höher als den Kopf, so daß das Blut nach außen und nicht in die Luftröhre fließt. Wenn die Atmung aussetzt, müssen Sie mit Mund-zu-Nase-Beatmung beginnen und diese fortsetzen, bis Sie beim Tierarzt eingetroffen sind.

Bei Herzstillstand müssen Sie versuchen, durch Herzdruckmassage die Herztätigkeit wieder anzuregen.
Falls Blutungen zu sehen sind, sollten Sie versuchen, diese zu stoppen, bis der Tierarzt die endgültige Wundversorgung vornehmen kann. Äußere Blutungen erkennt man leicht, innere Blutungen können Sie nur vermuten. Der Hund ist in diesem Fall apathisch und atmet flach, seine Oberfläche fühlt sich kühl an, die Schleimhäute sind blaß oder weiß. Lagern Sie den Hund flach, und bewegen Sie ihn möglichst wenig.

Hundeapotheke

- [ ] Thermometer
- [ ] Vaseline
- [ ] Zeckenzange
- [ ] Schere
- [ ] Pinzette
- [ ] Mildes Wunddesinfektionsmittel
- [ ] Wundsalbe
- [ ] Mulltupfer oder Mullkompressen
- [ ] Selbsthaftende Binden (3 und 5 cm breit)
- [ ] Polsterwatte (für Verbände)
- [ ] Textilklebeband (Leukoplast)

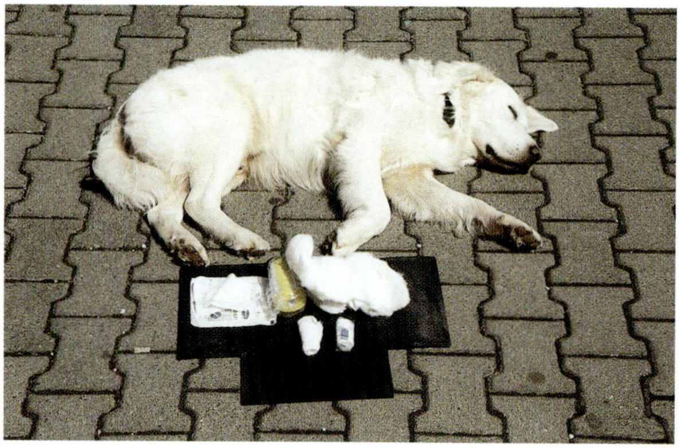

Verbandsmaterial, wie man es in der Autoapotheke jederzeit dabeihat, ist selbstverständlich auch bei verletzten Tieren einsetzbar.

Zum Transport ist es sinnvoll, ihn auf ein Brett zu legen, besonders wenn innere Verletzungen oder Wirbelsäulenschäden vermutet werden. Eventuell kann man ihn auch auf einer Decke flach liegend zu zweit tragen.

WUNDBEHANDLUNG ▸ Kleinere und oberflächliche Wunden kann ein erfahrener Hundebesitzer selbst behandeln. Tiefe oder ausgedehnte Wunden sollten Sie zunächst notdürftig versorgen und dann zur weiteren Behandlung sofort dem Tierarzt vorstellen. Die Wundheilung setzt bereits innerhalb der ersten 6 Stunden ein. In dieser Zeit muß entschieden werden, ob die Wunde genäht wird. Später muß zur fachgerechten Behandlung eine Wundauffrischung vorgenommen werden.

Hier einige Tips zur Erstversorgung von Wunden: Schneiden Sie bei langhaarigen Hunden die Haare um die Wunde großflächig weg. So kann man sich einen Überblick über die Ausdehnung der Wunde verschaffen. Außerdem wird verhindert, daß die Haare mit Blut und Wundsekret verkleben, das verzögert die Wundheilung und erhöht das Infektionsrisiko. Bei kurzhaarigen Hunden sollten Sie das Fell nicht wegschneiden. Die kurzen Haare kann man nicht entfernen, ohne daß kleine Haarstückchen in die Wunde gelangen.

Die Wundtoilette wird mit Mulltupfern oder mit einem sauberen Baumwolltuch und mildem Wunddesinfektionsmittel (erhältlich bei Ihrem Tierarzt oder in einer Apotheke) durchgeführt. Auf keinen Fall darf ein Wattebausch zur Wundreinigung verwandt werden, denn die Wattefasern verkleben im Wundsekret, wirken als Fremdkörper und führen zu Vereiterungen. Das Desinfektionsmittel sprüht oder schüttet man auf die Wunde und tupft sie dann mit dem Tuch trocken. Vermeiden Sie es, die Wunde auszuwischen oder zu reiben, das reizt unnötig.

Mund-zu-Nase-Beatmung

- Maul des Hundes schließen
- Taschentuch über die Hundenase legen
- Mit dem Mund Luft in die Nasenlöcher blasen
- Kontrolle: Brustkorb hebt sich beim Einblasen der Luft
- Mund absetzen, Ausatmung erfolgt von allein
- Beatmung 10mal pro Minute (ca. alle 6 Sekunden)
- Zwischendurch kurz aufhören und beobachten, ob Eigenatmung einsetzt

Schürfwunden sind meist stark verschmutzt und müssen gesäubert werden. Unter fließendem Wasser wird die Wunde ausgespült. Dabei darf der Wasserdruck nicht so groß sein, daß er die Schmutzteilchen noch tiefer ins Gewebe drückt. Anschließend wird die Wunde mit einem Mulltupfer oder Baumwolltuch trockengetupft. Legen Sie einen Schutzverband an, und konsultieren Sie sicherheitshalber den Tierarzt. Verschmutzte Wunden sind meist mit Bakterien behaftet und entzünden sich leicht. Eventuell braucht der Hund ein Antibiotikum.

Schnittwunden haben in der Regel glatte Wundränder und verheilen recht gut. Blutet die Wunde stark, so muß ein Druckverband angelegt werden. Klafft das Gewebe auseinander oder wird durch ständige Bewegung die Heilung verzögert, muß die Schnittwunde vom Tierarzt genäht werden.

Rißwunden entstehen oft durch Stacheldraht oder bei Beißereien. Hier klafft das Gewebe unregelmäßig auseinander, ist mit Schmutzteilchen und Bakterien verunreinigt und heilt meist schlecht und unter häßlicher Narbenbildung. Deshalb sollten Rißwunden immer nur provisorisch versorgt und dann schnell dem Tierarzt vorgestellt werden. Sie können den groben Schmutz aus dem Gewebe mit Wasser ausspülen und einen leichten Schutzverband anlegen. Die weitere Behandlung, wie das Entfernen abgestorbenen Gewebes, Wundnaht und Antibiotikumgabe, wird der Tierarzt vornehmen.

Generell gilt: Der Hund muß daran gehindert werden, an der Wunde zu lecken. Dies kann man in manchen Fällen durch einen Verband erreichen, anderen Hunden muß man einen Halskragen anlegen.

Info

Herzdruckmassage: Hund flach auf der rechten Seite lagern, Hand (großer Hund) bzw. zwei Finger (kleiner Hund) unter linken Ellbogen des Hundes plazieren, mit der anderen Hand stoßweise drücken, jeweils 10 schnelle Druckbewegungen – Mund-zu-Nase-Beatmung im Wechsel, zwischendurch Überprüfung der Herztätigkeit.

Bei der Herzdruckmassage auf Herzrhythmus achten.

Mund-zu-Nase-Beatmung: So wird's gemacht!

Stark blutende Wunden machen einen Druckverband erforderlich.

SCHOCK, KREISLAUFKOLLAPS ▸ Im Kollaps versagt der Kreislauf, das Blut versackt im Körperinnern, und nur die lebenswichtigen Organe werden vorrangig versorgt. Ein Schock mit Kreislaufkollaps tritt bei starken Blutverlusten, z.B. nach Unfällen, auf. Schwere Herzerkrankungen, Infektionskrankheiten, bei denen Bakterien Giftstoffe freisetzen, Gehirnerschütterungen oder Vergiftungen können ebenfalls einen Schock auslösen.

TIP

Blutung aus unzugänglichem Körperteil: Eiswürfel zerkleinern, in Plastiktüte auf den Körperteil auflegen und andrücken, Hund möglichst ruhig halten, um Blutung nicht wieder anzuregen.

Der Hund wirkt benommen, hat einen starren Blick und verliert eventuell das Bewußtsein. Die Körperoberfläche, Beine und Ohren fühlen sich kalt an. Der Atem geht schnell und stoßweise.

Versorgen Sie eventuelle Blutungen, und bringen Sie den Hund so schnell wie möglich zum Tierarzt. Packen Sie ihn auf dem Weg dorthin warm ein, um einer Unterkühlung entgegenzuwirken. Falls der Hund bewußtlos wird, ziehen Sie die Zunge aus dem Maul hervor, damit die Atmung nicht behindert wird. Kontrollieren und unterstützen Sie gegebenenfalls die Herz-Kreislauf-Situation.

Blutende Wunden

Venöse Blutung: Dunkles Blut läuft gleichmäßig aus der Wunde. Arterielle Blutung: Blut spritzt hellrot pulsierend. Blutverlust bei arterieller Blutung stärker, schnell lebensbedrohlich, deshalb mit Druckverband stoppen. Bringen Sie den verletzten Hund so schnell wie möglich zum Tierarzt.

KRÄMPFE ▸ Krämpfe können verschiedene Ursachen haben, z.B. Epilepsie, Gehirnerkrankungen oder Vergiftungen.

Der Hund bricht zusammen und zuckt mit den Gliedmaßen oder am ganzen Körper. Achten Sie darauf, daß er sich nicht verletzen kann, indem Sie mögliche Gefahrenquellen aus seiner Reichweite entfernen. Wenn die Krämpfe nachlassen, ist der Hund oft noch etwas benommen oder orientierungslos. Sie sollten ihn dem Tierarzt vorstellen und versuchen, genau zu beschreiben, wie der Krampf abgelaufen ist. Exakte Schilderungen können oft wertvolle Hinweise auf die Erkrankungsursache bieten.

VERGIFTUNGEN ▸ Vergiftungen können sich in vielen unterschiedlichen Symptomen äußern. Bei Vergiftungen durch Laugen, Säuren, Nikotin, Phosphorsäureester, Nitrat u. a. sind Magen-

Darm-Störungen mit Speicheln, Erbrechen, Durchfall und Koliken zu sehen. Viele Gifte bewirken Erregung oder aber Dämpfung des zentralen Nervensystems mit Nervosität, Zittern und Krämpfen (Drogen, Glykol, Narkotika, Schwermetallsalze u. a.) oder Bewußtseinstrübung und Depression (Benzin, Leime, Nikotin u. a.). Einige Gifte bewirken innere Blutungen (Rattengift) oder Veränderungen der Pupillenreaktion (Barbiturate, Zyanide u. a.).

Selten jedoch ist ein Symptomenkomplex typisch für eine bestimmte Vergiftung.

Der Hund hat das Gift meist über das Maul aus seiner Umwelt aufgenommen. In seltenen Fällen sind Vergiftungen auch möglich durch Stoffe, die durch die Haut in den Körper dringen oder durch Bisse und Stiche von Gifttieren.

Falls Sie eine Vergiftung vermuten, rufen Sie sofort den Tierarzt an und melden sich mit dem Notfallpatienten an. Eventuell kann der Tierarzt am Telefon aus den Angaben, die Sie machen, schon Rückschlüsse auf die Art des Giftes ziehen und Ihnen erste Verhaltensmaßregeln empfehlen.

Wenn Sie wissen, welche Substanz der Hund aufgenommen hat, sollten Sie den Behälter oder das Etikett mitnehmen. Kennt der Tierarzt die Inhaltsstoffe, so kann er die Behandlung gezielt angehen.

Je nach Art der Vergiftung und der Zeit, die seit Aufnahme des Giftes vergangen ist, wird der Tierarzt die Entgiftung einleiten.

Denken Sie vorbeugend immer daran, Medikamente, Giftstoffe, Putzmittel, Chemikalien und andere gefährliche Substanzen aus der Reichweite des Hundes wegzuschließen. Besonders junge Hunde sind neugierig und benagen oder belecken alle erreichbaren Gegenstände. Giftpflanzen sollten Sie kennen und aus Ihrem Garten entfernen. Außerdem ist es sinnvoll, den Hund von klein auf daran zu gewöhnen, im Freien nichts zu fressen. Wenn Sie diese Ratschläge beherzigen, haben Sie schon eine weite Palette möglicher Vergiftungsursachen ausgeschaltet.

ERSTICKEN ▶ Der Hund würgt, röchelt und speichelt, versucht vielleicht, mit den Pfoten im Maulbereich zu reiben. In extremen Fällen läuft die Zunge blau an, und der Hund atmet stoßweise unter größter Anstrengung.

Versuchen Sie, das Maul zu untersuchen. Klemmen Sie dazu ein Stück Holz o. ä. zwischen die Backenzähne des Hundes, um das Maul offenzuhalten. Denken Sie daran: Der Hund steht Todesangst aus, es kann sein, daß er Sie reflexartig beißen will, wenn Sie ihm helfen. Deshalb sollten Sie vorsichtshalber die genannte Sicherheitsvorkehrung treffen.

Suchen Sie die Maulhöhle nach Fremdkörpern oder Schwellungen ab. Ziehen Sie die Zunge heraus, eventuell ist tief im Rachen ein Hindernis vor der Luftröhre zu sehen. Wenn Sie einen Fremdkörper entdecken, ziehen Sie ihn vorsichtig nach außen.

Haben Sie so keinen Erfolg, heben Sie den Hund an den Hinterbeinen an, klopfen ihn auf den Rücken oder schütteln ihn, damit der Fremdkörper sich löst.

Aber halten Sie sich nicht zu lange auf, wenn Sie dem Hund nicht helfen können, sondern fahren Sie so schnell wie möglich zum Tierarzt.

INSEKTENSTICH ▶ Wenn Ihr Hund von einem Insekt gestochen wird, leckt oder beißt er wahrscheinlich an der schmerzenden Stichstelle. Unterbinden Sie das, notfalls mit einem Halskragen, denn dadurch wird der Juckreiz eher größer. Kühlen Sie die Schwellung, die am Einstich entsteht, mit einer Eispackung oder unter fließendem Wasser.

Besonders gefährlich sind Insektenstiche im Kopfbereich und vor allem im Maul. Durch Anschwellen des Gewebes kann es zu Atemschwierigkeiten kommen. Wenden Sie in schweren Fällen Mund-zu-Nase-Beatmung an, und bringen Sie den Hund schnell zum Tierarzt. Er kann eine Spritze direkt ins Blut geben, durch die die Schwellung abklingt.

Hunden mit bekannter Insektengiftallergie kann durch eine Hyposensibilisierung geholfen werden.

HITZSCHLAG ▶ Lassen Sie den Hund im Sommer nicht allein im Auto oder ohne Schattenplatz angebunden, denn er kann genau wie Menschen einen Hitzschlag erleiden. Dann keucht er mit geöffnetem Maul und ringt nach Luft, taumelt und verliert eventuell das Bewußtsein. Hält der Zustand der Überhitzung lange an, stirbt der Hund durch Herz-Kreislauf-Versagen.

Kommen Sie allerdings rechtzeitig zu Hilfe, müssen Sie den Hund schnell abkühlen. Bringen Sie ihn sofort in den Schatten, und duschen Sie ihn mit kaltem Wasser ab. Bieten Sie ihm Wasser zu trinken an. Sicherheitshalber sollten Sie den Patienten dem Tierarzt vorstellen. Er kann die Herz-Kreislauf-Situation am besten beurteilen und eventuell medikamentell unterstützen.

Für den Hund kann es lebensgefährlich werden, bei großer Hitze im Auto eingesperrt zu bleiben.

Wenn Sie bemerken, daß in einem abgestellten Auto ein Hund offensichtlich einen Hitzschlag erleidet, ist schnelles Handeln notwendig und tierschutzgerecht. Rufen Sie die Polizei zu Hilfe!

VERBRENNUNGEN ▶ Verbrennungen ersten Grades erkennt man an der geröteten und schmerzempfindlichen Haut. Bei Verbrennungen zweiten Grades bilden sich flüssigkeitsgefüllte Blasen auf der Haut. Verbrennungen dritten Grades zerstören die Haut bis in ihre tiefen Schichten, das Gewebe ist geschwollen und verkohlt. Je nach Ausdehnung der Verbrennung entstehen Flüssigkeitsverlust und Infektionen.

Verbrennungen muß man so rasch wie möglich kühlen. Lassen Sie fünf Minuten lang kaltes Wasser über die verbrannte Haut laufen. Dann tupfen Sie die Haut trocken. Sie dürfen aber niemals reiben, denn dadurch zerstören Sie noch mehr Gewebe. Benutzen Sie keine Watte, die Flusen verkleben mit dem Wundsekret und begünstigen Infektionen. Legen Sie als Schutz feuchte Mulltupfer oder ein sauberes, feuchtes Geschirrtuch auf, und bringen Sie den Hund schnell zum Tierarzt.

ERFRIERUNGEN ▶ Bei sehr kalten Außentemperaturen, dünnem Fell und wenig Bewegung kann es beim Hund zu Erfrierungen kommen. Am meisten gefährdet sind Ohren, Beine und Schwanz. Die unterkühlte Haut ist sehr kalt und grauweiß gefärbt. Besonders an den Ohren besteht dann die Gefahr, daß die Ohrmuschel abstirbt.

Das Empfinden in den betroffenen Körperteilen ist reduziert. Zwickt man den Hund, reagiert er nicht.

TIP

Sie sollten immer die Telefonnummer Ihres Tierarztes griffbereit haben. Informieren Sie sich rechtzeitig über Nacht- und Notdienste. Auch am Urlaubsort ist es sinnvoll, die Telefonnummer des ortsansässigen Tierarztes zu kennen.

Wichtig ist das allmähliche und behutsame Auftauen der unterkühlten Körperteile. Massieren Sie den Hund vorsichtig, um die Blutzirkulation wieder in Gang zu bringen. Dann legt man in lauwarmes Wasser getränkte Tücher auf und steigert deren Temperatur langsam auf Körpertemperatur.

Eventuelle Hautschäden muß der Tierarzt behandeln.

Sicheres Festhalten

Das sichere Festhalten des Patienten, erfolgt mittels »Nackengriff« für kurzfristige Notfallmaßnahmen, indem Sie rechts und links hinter den Ohren eine Hautfalte packen. Nicht bei Hunden mit rundem Kopf und vorstehenden Augen anwenden!

Das Festhalten des Hundes in Seitenlage erfolgt, indem Sie von der Rückenseite aus über den Hund greifen und beide untenliegenden Beine fest nach unten drücken.

ANLEGEN VON VERBÄNDEN ▶ Es bedarf einiger Übung, einen Verband fachgerecht anzulegen. Ein zu fest sit-

So legt man das Schnauzenband richtig an.

zender Verband schnürt in das Gewebe ein und verursacht Druckstellen und Blutstau. Andererseits darf er auch nicht zu locker sein und schon nach einigen Bewegungen abrutschen.

Deshalb ist es sinnvoll, daß der Tierarzt den Verband anlegt und Sie zum Verbandswechsel in die Praxis bestellt. Dabei kontrolliert er die Wundheilung und kann rechtzeitig handeln, wenn sich Komplikationen zeigen.

Den am Boden liegenden Hund kann man so sicher fixieren.

Sie sollten jedoch in der Lage sein, einen leichten Schutzverband und Druckverband zur Sofortbehandlung einer Wunde anzulegen. Dies ist sinnvoll, um das verletzte Gewebe vor Verunreinigungen zu schützen bzw. die Blutung zu stillen.

SCHUTZVERBAND ▸ Nach Abschneiden der Haare und Säubern der Wunde, wie unter »Wundbehandlung« beschrieben, legen Sie eine Mullbinde zum Abdecken direkt auf die Wunde. Dann umwickeln Sie den Wundbereich mit einer Binde. Am einfachsten lassen sich selbsthaftende Binden (aus der Apotheke) handhaben, denn sie verrutschen nicht so schnell.

Wickeln Sie an den Beinen die erste Lage des Verbandes von unten nach oben. So wird das Blut nicht zur Pfote hin abgeschnürt.

Soll der Verband länger als nur zur Erstversorgung am Hund bleiben, muß man darauf achten, ihn sorgfältig mit einer Lage Watte zu polstern. Besonders die Zehen und Knochenvorsprünge wer-

Aus einem alten T-Shirt kann man einfach einen Bauchverband herstellen.

den so gegen Druckstellen geschützt. Als »Schutzverband« für Pfoten haben sich Kindersocken bewährt, als Schutz über einer Beinwunde ein Kniestrumpf. Der Strumpf wird mit einem Streifen Klebeband (Leukoplast) oben am Fell befestigt, so rutscht er nicht ab. Es gibt auch spezielle Schuhe für verletzte Hundepfoten in verschiedenen Größen zu kaufen.

Als Schutz für Bauchwunden kann man dem Hund ein altes T-Shirt anziehen: zwei Beine durch die Ärmel stecken,für die beiden anderen Beine und den Schwanz Löcher ins T-Shirt schneiden.

TIP

Schnauzenband als Beißschutz:

- *Mullbinde, Krawatte, Hundeleine*
- *Schlaufe mit halbem Knoten bilden, über Schnauze des Hundes legen, Knoten nach oben, zuziehen*
- *Enden unter der Schnauze kreuzen, in den Nacken führen, Schleife binden.*

Ganz individuell anpassen läßt sich ein Baumwolltuch, in das man Löcher für die Beine schneidet und Bänder zum Verknoten über dem Rücken annäht.

ANZEICHEN DES TODES ▸ Wenn Sie einem schwerverletzten Hund helfen wollen, kann es leider auch vorkommen, daß selbst schnelle und fachkundig geleistete Erste Hilfe zu spät kommt. Natürlich darf man Mund-zu-Nase-Beatmung oder Herzdruckmassage nicht zu früh abbrechen. Aber man muß auch erkennen können, wann die Behandlung keinen Sinn mehr hat, weil der Hund seinen Verletzungen erlegen ist:

Atmung und Herzschlag lassen sich innerhalb von 10 Minuten nicht wieder in Gang setzen. Zahnfleisch und Zunge sind blau oder porzellanweiß gefärbt. Die Pupillen bleiben geweitet. Das Auge hat eine trübe Färbung, man sagt, es ist »gebrochen«. Durch Berühren der Augenoberfläche kann kein Blinzeln ausgelöst werden.

Es gibt spezielle Bestattungsunternehmen für Tiere (Adressen bei Ihrem Tierarzt), Sie dürfen den Hund aber auch im Garten beerdigen oder können ihn zum Tierarzt bringen, der sich um den Weitertransport kümmert.

▸ Der junge und der alte Hund

WELPENKRANKHEITEN ▸ Es gibt Erkrankungen, die in bestimmten Lebensabschnitten bevorzugt auftreten. Dies hat vorrangig mit der Abwehrkraft des Körpers und mit seiner unterschiedlichen Stoffwechsellage in der Jugend und im Alter zu tun.

Manche Erkrankungen schließen ein Auftreten in höherem Alter aus, einfach, weil sie angeboren sind und sich früh im Leben bemerkbar machen. Andererseits gibt es ausgesprochene »Jungtierkrankheiten«, die noch im Erwachsenenalter oder gar beim Hundesenior auftreten.

Dieses Kapitel gibt einen Einblick in eine Reihe von Erkrankungen, die den Welpen eher betreffen als den erwachsenen Hund. Es soll Ihren Blick für die Symptome dieser Erkrankungen schärfen, so daß Sie erste Krankheitserscheinungen eher erkennen und behandeln lassen können.

Mißbildungen treten beim neugeborenen Welpen auf. Manche sind äußerlich deutlich erkennbar, wie z.B. ein Nabelbruch, eine Gaumenspalte oder Hodenhochstand. Andere sind versteckt und werden erst entdeckt, weil sie Krankheitssymptome verursachen, etwa die Zwerchfellhernie oder Herzmißbildungen.

Eine Reihe von angeborenen Stoffwechselkrankheiten führt erst im Laufe

Mit Muttermilch haben die Welpen den besten Start in ein gesundes Hundeleben.

des ersten Lebensjahres zu Beschwerden, oft mit zentralnervösen Ausfallserscheinungen.

Welpen und Junghunde sind besonders anfällig für Virus- und Bakterieninfektionen. Der Körper lernt im Laufe des Lebens viele Infektionskrankheiten kennen und bildet Abwehrstoffe dagegen. Deswegen ist ein erwachsener gesunder Hund besser gegen Infekte geschützt als ein Welpe.

Die beste Vorsorge für die Welpen ist eine regelmäßig geimpfte und entwurmte Hündin. Sie überträgt bereits viele ihrer Abwehrstoffe mit dem Blut durch die Gebärmutter auf ihre Jungen. Nach der Geburt ist es wichtig, daß die Welpen Muttermilch aufnehmen. Da auch mit der Milch körpereigene Abwehrstoffe der Hündin auf die Welpen übertragen werden, stellt sie eine richtiggehende »Schluckimpfung« dar.

Wenn der Infektionsschutz durch die Mutter nachläßt, wird es Zeit für die Impfungen gegen die verschiedenen Infektionskrankheiten. So kann man den Welpen wirkungsvoll gegen lebensbedrohliche Erkrankungen schützen. Der Impfschutz hält eine gewisse Zeit an und muß regelmäßig aufgefrischt werden.

Im Gegensatz zu älteren Hunden verlaufen die meisten Infektionen beim Junghund akut, das bedeutet intensiv und rasch. Der Erreger »trainiert« die Abwehrkraft, so wappnet sich der Organismus für weitere Infektionen, die dann milder ablaufen.

Die natürliche Abwehrreaktion des Körpers auf eine Infektion ist Fieber. Deshalb wird der Tierarzt nicht bei jedem Fieberschub direkt fiebersenkende Medikamente und Antibiotika einsetzen.

TIP

Im Zahnwechsel hat Ihr Welpe ein besonders starkes Kaubedürfnis. Bieten Sie ihm Büffelhautknochen, Karotten oder harten Hundekeks an.

Fütterung des Welpen

Zuerst Welpenfutter, ab ca. 5. Monat Futter für heranwachsende Hunde geben, großwüchsige Welpen benötigen Spezialaufzuchtfutter; bis 3 Monate: 4 Mahlzeiten, bis 9 Monate: 3 Mahlzeiten, danach: 2 Mahlzeiten täglich.

Die meisten Infektionen des Welpen betreffen das Magen-Darm-System und die Haut. Harmlose Keime können bei einem geschwächten Welpen schwere Hautentzündungen verursachen. Ebenso infizieren sich junge Hunde viel eher mit Hautpilzen und -parasiten als erwachsene Tiere, die denselben Lebensumständen ausgesetzt sind.

Auch akute Magen-Darm-Infektionen sind beim Welpen nicht ungewöhnlich. Sie verlaufen oft ziemlich dramatisch, weil der kleine Körper durch Erbrechen und Durchfall schnell austrocknet. Nehmen Sie diese Symptome beim Welpen deshalb nie auf die leichte Schulter, denn sie können zu lebensbedrohlichen Situationen führen.

Mit Parasiteninfektionen verhält es sich ähnlich wie mit den Virus- und Bakterieninfektionen. Im Laufe der Jahre entwickelt der Körper bessere Abwehrkräfte und wird mit leichter Verwurmung gut fertig. Der junge Hund hat ein unausgereiftes Abwehrsystem, so daß Parasiten sich manchmal explosionsartig vermehren können und das Körpergleichgewicht empfindlich durcheinanderbringen. Ein stark verwurmter Welpe hat einen dicken, aufgetriebenen Wurmbauch, ist aber ansonsten mager. Das Fell ist struppig und stumpf, die Augen sind eingefallen. Der Hund hat keine Lust zum Spielen und ermüdet schnell. Ein solcher Patient braucht nicht nur eine Wurmkur, sondern intensive tierärztliche Behandlung!

Neben den Infektionskrankheiten sind Hundekinder (genauso wie menschliche) stark gefährdet, Dinge zu verschlucken, die ihnen nicht bekommen. Der junge Hund erkundet seine Umgebung intensiv mit allen Sinnen. Dazu gehört, alles Erreichbare zu benagen, darauf herumzukauen und eventuell zu verschlucken. Viele Dinge (z.B. Nylonstrumpf, Spielfiguren, Kronkorken) können als Fremdkörper im Darm steckenbleiben und Darmverschluß verursachen. Als Behandlung bleibt oft nur eine Operation. Andere Stoffe im Haushalt und im Freien sind ungenießbar und verursachen bei dem verspielten Welpen Vergiftungen. Achten Sie also sehr genau auf alle gefährlichen Gegenstände, bis Ihr Hund aus dem Flegelalter heraus ist und weiß, daß er nicht alles ablecken und fressen darf.

Im Zahnwechsel ab dem 3. bis zum 9. Monat müssen Sie Ihren Welpen genau beobachten. Kontrollieren Sie den Durchbruch und die Stellung der bleibenden Zähne. Hier kann der Tierarzt bei frühzeitiger Behandlung viel korrigieren. In der Zeit des Zahnwechsels ist der Organismus des jungen Hundes sehr stark beansprucht und daher oft etwas anfälliger für Infektionen. Muten Sie ihm also während dieser Entwicklungsphase möglichst keine anderen allzu großen Anstrengungen zu. Wenn der Zahnwechsel mit etwa einem dreiviertel Jahr dann überstanden ist, gehört Ihr Hund nicht mehr zu den Welpen, sondern zu den Halbstarken und hat wahrscheinlich einige »Kinderkrankheiten« hinter sich. Mit Ihrer guten Pflege und regelmäßiger tierärztlicher Betreuung ist er auf dem besten Wege, ein gesunder und kräftiger erwachsener Hund zu werden.

ERKRANKUNGEN DES ALTEN HUNDES ▶ Hunde kleiner Rassen werden älter als die großer Rassen. Bei guter Pflege und vernünftiger Ernährung liegt die Lebenserwartung zwischen 8 und 18 Jahren. Zu den Senioren zählen kleine Hunde ab etwa 10, große schon ab 7 Jahren. Der älteste Hund wurde 29 Jahre und 5 Monate alt (Quelle: Das neue Guiness Buch der Tier-Rekorde).

Das Altern selbst ist keine Krankheit, und es gibt viele Hunde, die bis ins hohe Alter vital und lebenslustig sind. Doch mit den Jahren nimmt die Anpassungsfähigkeit des Organismus ab, er ist nicht mehr ganz so leistungsfähig wie in der Jugend. Deshalb treten beim Hund wie auch beim Menschen im Alter vermehrt Krankheiten auf und lassen sich nicht mehr ganz so schnell auskurieren. Sie werden auch merken, daß der ältere Hund dazu neigt, mehrere unterschiedliche – leichter oder stärker ausgeprägte – Beschwerden zu erwerben. Im Gegensatz zu den »typischen« Welpenerkrankungen haben die »Seniorenkrankheiten« eher einen chronischen, langwierigen Verlauf. Die ersten Anzeichen sind geringgradig und werden oft gar nicht bemerkt. Der Gesundheitszustand verschlechtert sich meist ganz allmählich, und irgendwann treten dann Symptome auf, die den aufmerksamen Besitzer veranlassen, den Tierarzt aufzusuchen.

Einige typische Krankheiten des alten Hundes sind im folgenden zusammengestellt: Sehr viele alte Hunde leiden an Herz- oder Herzklappenerkrankungen. Sie erhalten erste Hinweise auf eine Herzschwäche, wenn Ihr Hund schneller als sonst ermüdet, kurzatmig wird und immer wieder kleine Hustenstöße, den sogenannten »Herzhusten«, zeigt. Die Abnutzungserscheinungen am Herzen sind unvermeidlich und irreparabel. Aber bei rechtzeitig einsetzender und regelmäßiger Behandlung können die Beschwerden so minimal gehalten werden, daß der Hund noch lange Spaß am Leben hat. Außer auf Herzerkrankungen kann das Symptom »Husten« auf Atemwegserkrankungen hinweisen. Der ältere Hund ist anfällig für chronische Bronchitis, die sich leicht zu einer Lungenentzündung entwickelt. Nehmen Sie Husten immer ernst, und lassen Sie dessen Ursache vom Tierarzt abklären.

Bei den Erkrankungen der Verdauungsorgane steht sicherlich der Zahnstein ganz obenan. Kaum ein Hund, der im fortgeschrittenen Alter davon verschont bliebe. Dem Zahnstein und all seinen Folgen kann man vorbeugen, wenn man das Zähneputzen gründlich und konsequent durchführt. Ist der Zahnstein erst aufgetreten, steht von Zeit zu Zeit eine Zahnsanierung an, um die Zähne so lange wie möglich zu erhalten.

Erkrankungen der Leber können ebenfalls als typische Alterskrankheiten bezeichnet werden. Die Symptome einer Lebererkrankung sind sehr unspezifisch und können lange Zeit verborgen bleiben. Der Tierarzt wird deshalb bei anderen Erkrankungen eines älteren Hundes meist die Leberblutwerte im Labor überprüfen, um Veränderungen rechtzeitig festzustellen.

Nierenerkrankungen und Harnwegsinfekte treten beim alten Hund wesentlich häufiger auf als beim jungen, denn das Ausscheidungsvermögen der Nieren ist vermindert. Achten Sie auf häufigeres Wasserlassen oder Unbehagen beim Urinabsatz, auffallende Mattigkeit des Hundes oder auch einen unangenehmen Geruch aus dem Fang. Beobachten Sie Scheiden- bzw. Vorhautausfluß, die ein Hinweis auf Infektionen der Harnorgane sein können. Stellen Sie den Hund frühzeitig dem Tierarzt vor, und nehmen Sie am besten gleich eine Urinprobe in die

Fütterung des alten Hundes

Da der Stoffwechsel im Alter reduziert ist, ist leichtverdauliches Futter notwendig. Geruchs- und Geschmackssinn vermindern sich, deshalb schmackhaftes Futter anbieten. Geringere Aktivität = geringerer Energiebedarf. Es besteht ein höherer Eiweißbedarf, deshalb wird hochwertiges Eiweiß erforderlich (gekochtes Ei, mageres Fleisch). Der alte Hund hat einen höheren Vitaminbedarf, der gut in Tabletten- oder Pulverform als Futterzusatz gedeckt werden kann. Bitte achten Sie auf ausreichende Flüssigkeitszufuhr (Futter einweichen). Einfach und praktisch: Spezialfutter für Senioren, das im Fachhandel erhältlich ist.

Praxis mit. Auch Verschiebungen im Hormongleichgewicht plagen eher den alten Hund. Chronische hormonell bedingte Hautveränderungen, die Zuckerkrankheit sowie die Cushing-Erkrankung und die Prostatavergrößerung des Rüden zählen zu den häufigsten Hormonstörungen im Alter.
Die Bewegungsorgane sind ebenfalls von Alterungserscheinungen betroffen. Arthrosen machen vielen Senioren zu schaffen. Sie merken, daß Ihrem Hund das Aufstehen und Treppensteigen nicht mehr so leicht fällt wie früher. Er geht vielleicht auch nach längerem Liegen ein paar Schritte ganz steif und »läuft« sich dann »ein«. An der Wirbelsäule bilden sich im Alter eventuell Spondylosen, die die Beweglichkeit ebenfalls einschränken. Lassen Sie sich von Ihrem Tierarzt über geeignete Medikamente und Pflege (z.B. Massage oder Bestrahlungen) beraten.

Schließlich steigt im Alter die Wahrscheinlichkeit, daß der Hund an Tumoren erkrankt. Wenn Sie Umfangsvermehrungen unter der Haut oder im Gewebe bemerken, lassen Sie sie möglichst bald vom Tierarzt untersuchen und eventuell operativ entfernen.

Vielleicht haben Sie Bedenken und sorgen sich wegen des Narkoserisikos beim älteren Hund. Doch die Therapiemöglichkeiten in der Tiermedizin sind mittlerweile so vielfältig und ausgereift, daß auch Hunde mit Herzfehlern oder anderen chronischen Erkrankungen relativ risikoarm eine Narkose bekommen können. Der Tierarzt wählt nach gründlicher Allgemeinuntersuchung die schonendste Narkoseform individuell für Ihren Hund aus. Wenn er wirklich das Risiko der Narkose sehr hoch einschätzt, wird er mit Ihnen das Für und Wider der Operation besprechen und die Alternativen darstellen.

Den Alterungsprozeß stoppen können Sie nicht, aber Sie können viel dazu beitragen, daß Ihr Hund auch im Alter ein angenehmes Leben führen und Ihnen lange als treuer Freund und Begleiter zur Seite sein kann.

Mit guter Pflege und regelmäßiger Gesundheitsvorsorge bleiben Hundesenioren bis ins hohe Alter gesund und fit.

Service

Service

- **AKUT:** im Zusammenhang mit einer Krankheit: plötzlich auftretend, heftig und rasch verlaufend
- **ANÄMIE:** Blutarmut
- **ANÖSTRUS:** Ruhestadium im Läufigkeitszyklus der Hündin
- **AORTA:** Hauptkörperschlagader, größte Arterie des Körpers
- **APATHIE:** Lustlosigkeit, Teilnahmslosigkeit
- **ARTERIE:** Blutgefäß, das sauerstoffreiches Blut vom Herzen weg bringt
- **ATHEROM:** Grützbeutel, vergrößerte Talgdrüse
- **BRUNST:** Läufigkeit, Östrus oder Hitze. Zeit, in der die Hündin paarungsbereit ist
- **CHRONISCH:** im Zusammenhang mit dem Krankheitsverlauf: langwierig, schleppend
- **CONJUNCTIVITIS:** Bindehautentzündung
- **CUSHING-SYNDROM:** Erscheinungen bei Überfunktion der Nebennieren
- **DAMM:** Gewebe zwischen After und Scham bzw. Hodensack
- **DIABETES MELLITUS:** Zuckerkrankheit
- **EINGEWEIDEBRUCH:** Vortreten von Bauchorganen durch einen Spalt in der Bauchdecke (z.B. Nabelbruch, Leistenbruch, Dammbruch)
- **EKTROPIUM:** Auswärtsstülpung des Augenlids
- **ENTROPIUM:** Einwärtsstülpung des Augenlids
- **ERYTHROZYTEN:** rote Blutkörperchen
- **FOLLIKEL:** kleines Bläschen oder Knötchen
- **FRAKTUR:** Knochenbruch
- **GLAUKOM:** Grüner Star. Erkrankung des Auges mit starker Erhöhung des Augeninnendrucks
- **H.C.C.** s. Hepatitis contagiosa canis
- **HD** s. Hüftgelenksdysplasie
- **HEPATITIS CONTAGIOSA CANIS:** ansteckende Virusinfektion des Hundes
- **HERNIE** s. Eingeweidebruch
- **HÜFTGELENKSDYSPLASIE:** Angeborene Fehlbildung des Hüftgelenks, führt zu Lahmheiten
- **HYPOPHYSE:** Hirnanhangdrüse, produziert Geschlechts- und Wachstumshormone
- **IKTERUS:** Gelbsucht
- **INJEKTION:** Einspritzen von Medikamenten in den Körper
- **INKONTINENZ:** Unvermögen, Harn zu halten

- **INKUBATIONSZEIT:** Zeit von der Aufnahme eines Infektionserregers bis zum Auftreten der Krankheitssymptome
- **INSULIN:** Hormon der Bauchspeicheldrüse, senkt den Blutzuckerspiegel
- **-ITIS:** Endung, die eine Entzündung bezeichnet, z.B. Bronchitis: Entzündung der Bronchien
- **KATARAKT:** Grauer Star, Augenerkrankung mit Linsentrübung
- **KRYPTORCHISMUS:** Hodenhochstand, ein oder beide Hoden liegen im Bauchraum
- **LAKTIEREND:** milchgebend, säugend
- **LEFZE:** Lippe des Hundes
- **MASTITIS:** Gesäugeentzündung
- **METASTASE:** Tochtergeschwür von Tumoren
- **METÖSTRUS:** Nachbrunst, Phase des Läufigkeitszyklus der Hündin
- **MUSKELATROPHIE:** Muskelschwund
- **NETZHAUT:** innere Augenhaut, enthält Sinneszellen, die die optischen Eindrücke aufnehmen und zum Gehirn weiterleiten
- **NICKHAUT:** drittes Augenlid des Hundes am nasennahen Augenwinkel
- **ÖSTROGEN:** weibliches Geschlechtshormon
- **ÖSTRUS** s. Brunst
- **PARASIT:** Schmarotzer, der auf Kosten des Organismus einer anderen Art lebt
- **PINZETTE, ANATOMISCH:** Pinzette mit stumpfen, quergerillten Schenkelenden zur Schonung des Gewebes
- **PNEUMOTHORAX:** Luftansammlung im Brustkorb, in dem normalerweise Unterdruck herrscht
- **PROÖSTRUS:** Vorbrunst, Phase des Läufigkeitszyklus der Hündin
- **PROSTATA:** Vorsteherdrüse des Rüden
- **PUNKTION:** Anstechen mit einer Hohlnadel zur Gewebs- oder Flüssigkeitsentnahme
- **REKTAL:** über den Mastdarm
- **SKLERA:** Lederhaut, das Weiße des Auges
- **TETANUS:** Wundstarrkrampf
- **VENE:** Blutgefäß, das sauerstoffarmes Blut von den Organen zum Herzen zurückführt
- **VITALFUNKTIONEN:** Atmung und Herz-Kreislauf-System
- **WURMBAUCH:** dick aufgetriebener Bauch infolge starker Verwurmung, dabei Abmagerung, struppiges Fell, Lustlosigkeit
- **ZOONOSE:** erregerbedingte Krankheit, die vom Tier auf den Menschen oder umgekehrt übertragbar ist
- **ZYSTE:** flüssigkeitsgefüllter Hohlraum

► Leitfaden: Hundekrankheiten auf einen Blick

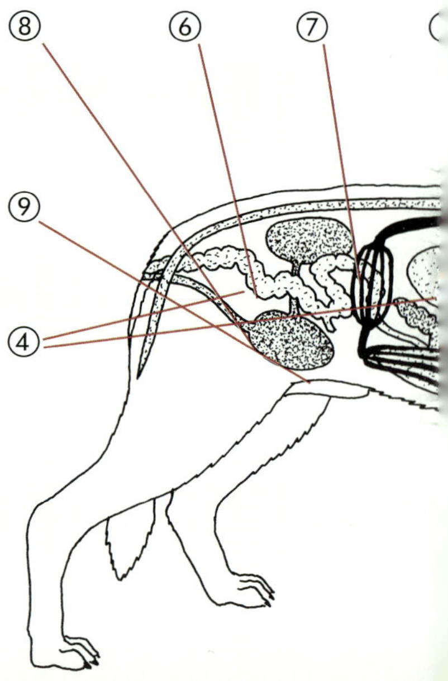

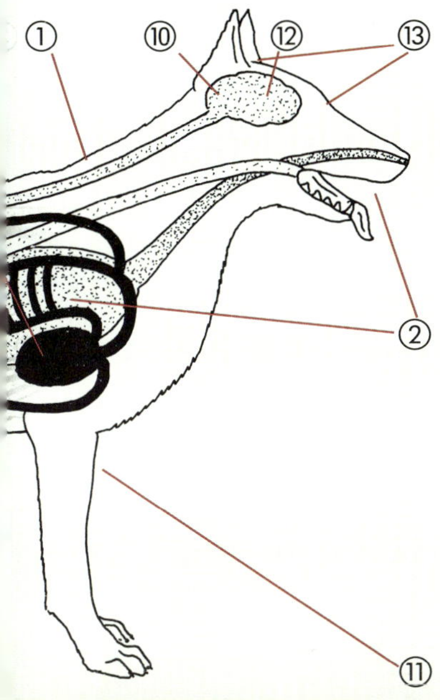

①
⑩
⑫
⑬
②
⑪

Zum Weiterlesen

Klinik der Hundekrankheiten. Hrsg. U. Freudiger, E.-G. Grünbaum, E. Schimke; Stuttgart 1986

Praktikum der Hundeklinik. Hans G. Niemand, Peter F. Suter; Berlin 1994

Veterinärmedizinische Parasitologie. Josef Boch, Rudolf Supperer; Hamburg 1983

Lausberg, Frank: Erste Hilfe für den Hund. Symptome erkennen, Maßnahmen ergreifen, extra: Gesundheits-Check. Stuttgart 1999

Tellington-Jones, Linda: Tellington-Training für Hunde. Das Praxisbuch für TTouch und TTeam. Stuttgart 1999

Becvar, Wolfgang: Naturheilkunde für Hunde. Stuttgart 1994

Nützliche Adressen

Universitätskliniken

Justus-Liebig-Universität
Gießen, Frankfurter Straße
35392 Gießen
Telefonzentrale
(24 Stunden): 0641 / 99-0
Chirurg. Veterinärklinik:
Tel.: 0641 / 99-38540

Fachbereich Veterinärmedizin der Freien
Universität Berlin
Oertzenweg 19 b
14163 Berlin
Tel.: 030 / 8108-2424
Klinik und Poliklinik für
Kleine Haustiere
Tel.: 030 / 8108-2422

Ludwig-Maximilian-Universität, Veterinärstr. 13
80539 München
Zentrale und Vermittlung,
auch Notdienst:
089 / 2180-1
Chirurg. Tierklinik, einschließlich Augenkrankheiten: Tel.: 089 / 2180-2634
Gynäkologische und Ambulatorische Tierklinik:
Tel.: 089 / 2180-2612

Veterinärmedizinische
Fakultät der Universität
Leipzig, Zwickauer Str. 55
04103 Leipzig
Klinik und Poliklinik für
kleine Haus- und Heimtiere: Tel.: 03 41 / 9 73 87 11

Veterinärmedizinische Organisationen

Tierschutzzentrum der
Tierärztlichen Hochschule
Hannover, Bünteweg 2
30559 Hannover
Tel.: 0511 / 963-8144

Bundesverband Praktischer Tierärzte e.V. (BPT);
hier erfahren Sie Adressen
von spezialisierten Tierärzten: Hahnstr. 70
60528 Frankfurt
Tel.: 069/6698180

Zentralverband der Ärzte
für Naturheilverfahren
(einschl. Tierärzte)
Alfredstr. 21
72250 Freudenstadt
Tel.: 07441/2151

Bundestierärztekammer
Oxfordstr. 10, 53111 Bonn
Tel.. 0228/725460
(dort erhalten Sie Auskunft
darüber, wo Erste-Hilfe-Kurse stattfinden)

Veterinärmedizinische
Fakultät der Universität
Wien, Veterinärplatz 1
A-1210 Wien
Tel.: 01 - 250 77-0 (Zentrale)

Veterinärmedizinische
Fakultät der Universität
Bern, Tierspital Bern
Bremgartenstraße 109a
CH-3012 Bern
Tel.: 031 - 6 31 21 11

Veterinärmedizinische
Fakultät der Universität
Zürich, Tierspital Zürich
Winterthurstraße 260
CH-3012 Zürich
Tel.: 01 - 6 35 81 11

Register

Kosmos Bildarchiv (Jodi Frediani S. 78 alle, Marc Rühl S. 2, 11, 14, 49, 82, 100, 101 beide, 102, 106 beide, Ralf Roppelt/Sahara Werbeagentur S. 2, 98, Christof Salata S. 2 viermal, 26 beide, 36, 72/73, 74, 92, 114,); Erdmann S. 2, 6; IPO S. 9, 24, 27, 31, 36, 41, 51, 55, 57, 58, 69, 74 beide, 76, 79, 86, 88; Juniors Bildarchiv (S. 17, H. Botzenhardt S. 4/5, 108, U. Schanz S. 7, 21, 22, 27, 29, Nikita Kolmikow S. 23, P. Gehlhar S. 18, 113, E. Müller S. 34, Chr. Steimer S. 39, 91, 97, A. Hecht S. 80/81, A. Grell S. 123); W.Layer S. 2, 25, 95; Chr. Steimer S. 8, 9, 28, 30, 92; Reinhard Tierfoto S. 1, 2/3 zweimal, 12, 32, 53, 104, 107, 124; Nils Reinhard S. 112.

Farbillustrationen von Eva Hohrath S.6 und S.51, SW-Zeichnungen von Milada Krautmann S.10, S.44, Benz S.77, Schwanke und Raasch S.43 und S.11/117.

Umschlaggestaltung von Atelier Reichert, Stuttgart, unter Verwendung von drei Farbfotos von U.Schanz (großes Foto) und Regina Kuhn (Vorderseite unten) sowie Christof Salata (Rückseite).

Mit 84 Farbfotos, 5 Farbzeichnungen und 5 SW-Zeichnungen

Alle Angaben in diesem Buch sind sorgfältig geprüft und geben den neuesten Wissensstand bei der Veröffentlichung wieder. Da sich das Wissen aber laufend weiterentwickelt und vergrößert, muß jeder Anwender selbst prüfen, ob die Angaben nicht durch neuere Erkenntnisse überholt sind. Dazu gehört z.B., im Zweifelsfall den Tierarzt zu konsultieren, Beipackzettel zu Medikamenten zu lesen, Gebrauchsanweisungen und Gesetze zu befolgen. Hinsichtlich der Zuchtzulassungskriterien, Ausstellungsrichtlinien, Rassestandards, Prüfungsordnungen usw. sind stets die aktuellen Bestimmungen der Verbände, insbesondere von VHD und FCI, maßgeblich.

Die Deutsche Bibliothek - CIP-Einheitsaufnahme

Rustige, Barbara:
Hundekrankheiten : (Gesundheitsvorsorge ; Symptome, Diagnose, Behandlung ; Krankenpflege und Erste Hilfe) / Barbara Rustige. - Stuttgart : Kosmos, 1999
(Praxiswissen Hund)
ISBN 3-440-07798-5

ISBN 3-440-07798-5
Lektorat: Cordula Beelitz-Frank
Projektleitung: Angela Beck
Grundlayout: Friedhelm Steinen-Broo, eSTUDIO CALAMAR
Herstellung: Kirsten Raue
Satz und Layout: Grafoline T·B·I·S GmbH, L.-Echterdingen
Printed in Czech Republic/ Imprimé en République tchèque
Druck und Binden: Těšínská Tiskárna, a.s., Český Těšín

Hundepaß

NAME

GESCHLECHT

TÄTOWIERUNG

GEWORFEN AM

BEKOMMEN AM

BESONDERE MERKMALE

WICHTIGE ADRESSEN

ZÜCHTER

TIERARZT UND TIERÄRZTLICHER NOTDIENST

HUNDEVEREIN

HUNDEPENSION

HAFTPFLICHTVERSICHERUNG

ZOOFACHHANDEL

InfoLine

**DR. MED. VET.
BARBARA RUSTIGE**

ist Tierärztin, die nach Tätigkeiten in Groß- und Kleintierpraxen im Veterinäramt arbeitet. Auch privat ist sie den Tieren verbunden: Schon in ihrer Kindheit lebten Hunde und verschiedene andere Heimtiere in der Familie.

Für den Kosmos Verlag hat Dr. Barbara Rustige bereits Bücher über Pferdekrankheiten und Akupressur für Hunde aus dem Englischen übersetzt.

Sie können sich mit Ihren Fragen und Problemen an Dr. Barbara Rustige wenden. Schreiben Sie an die »Hunde-InfoLine« (bitte mit Rückporto):

**Kosmos Verlag
»Hunde-InfoLine«
Postfach 10 60 11
D-70049 Stuttgart**